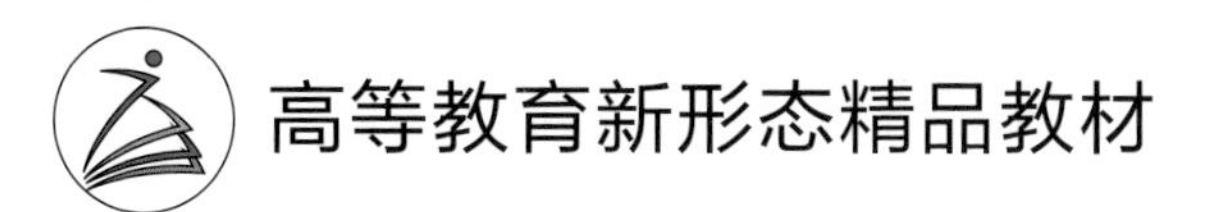

高等教育新形态精品教材

装饰材料与施工工艺

主　编　王静波　陆　津　潘　晶　孙　浩

副主编　王振江　曹竑楠　王　佳　姚冠男

任　航　林世军

Decoration Materials and Construction Technology

U0234034

北京理工大学出版社

BEIJING INSTITUTE OF TECHNOLOGY PRESS

内容提要

本书主要讲述了作为室内设计师需要掌握的基础材料知识。全书共有 **10** 章，分别对石材、木材、人造石、陶瓷、马赛克、玻璃、有机玻璃、各类金属、涂料、各类纸品布料、各类人工合成材料（如防火板、波纹板、波音软片、装饰水泥板、抗倍特板、GRG 等材料）、吸声材料及基层材料进行了讲解，并对材料特征及施工工艺也做了详尽阐述。本书在编写过程中，查阅了最新的标准及规范，确保材料的工艺做法符合现行国家规范要求，并采纳了最新的建筑装饰材料的相关内容。

本书适合大、中专院校建筑装饰工程相关专业的在校生及装饰行业从业人员阅读使用。

版权专有　侵权必究

图书在版编目（CIP）数据

装饰材料与施工工艺 / 王静波等主编. -- 北京：北京理工大学出版社，2021.7（2021.11重印）

ISBN 978-7-5763-0086-4

Ⅰ. ①装…　Ⅱ. ①王…　Ⅲ. ①建筑材料－装饰材料②建筑装饰－工程施工　Ⅳ. ①TU56②TU767

中国版本图书馆CIP数据核字（2021）第147943号

出版发行 / 北京理工大学出版社有限责任公司
社　　址 / 北京市海淀区中关村南大街 5 号
邮　　编 / 100081
电　　话 /（010）68914775（总编室）
（010）82562903（教材售后服务热线）
（010）68944723（其他图书服务热线）
网　　址 / http://www.bitpress.com.cn
经　　销 / 全国各地新华书店
印　　刷 / 河北鑫彩博图印刷有限公司
开　　本 / 889 毫米 ×1194 毫米　1/16
印　　张 / 10.5
字　　数 / 255 千字
版　　次 / 2021 年 7 月第 1 版　2021 年 11 月第 2 次印刷
定　　价 / 59.00 元

责任编辑 / 武君丽
文案编辑 / 武君丽
责任校对 / 周瑞红
责任印制 / 边心超

图书出现印装质量问题，请拨打售后服务热线，本社负责调换

《装饰材料与施工工艺》编写委员会

主　编　王静波　陆　津　潘　晶　孙　浩

副主编　王振江　曹竑楠　王　佳　姚冠男

任　航　林世军

参　编　孟广宇　贺满彬　张开智　李　凤

李　珠　文家奎　董万多　林卫英

王俊鑫　朱晓雅　徐景慧　郭琛华

严春霞　张敬元　陈　越　宫亚东

冯建树

前言

自从进入室内设计及室内设计师培训行业，编者就在不断地探索研究室内设计师成长之路，经过同设计行业用人单位的交流探讨，以及结合高校教学现状和高校设计人才培养情况的分析，发现高校的人才培养和企业对人才的需求，对接起来存在一定落差。为了实现高等教育人才培养和用人单位人才需求之间的无缝对接，我们联合开设室内设计、装修专业的高等院校及室内设计师培训企业等机构，共同编写了这本教材。

解决室内设计行业人才供需矛盾的方法有多种，其中，编写出一本连接高校教学和用人企业的教材是第一步。编者首先是阅读关于材料的书籍，其次是收集材料样本，最后将领悟的内容运用到学习、工作中，并将相关经验整理编写成书，希望能给年轻设计师和高校学生提供一部完整的参考资料，使学生能更加深入地了解材料，更加妥善地运用材料。

在书店里，关于装修的图书并不少见，但主要是针对高校师生的教学，很难帮助学生实现从学校到用人单位之间的平稳对接及过渡。例如，教材书籍偏向理论，学生学习起来感觉生涩难懂。而实际工作中的参阅工具书籍（如国标图集）又偏重技术，对于没有工作经验的在校学生来说也不易理解。因此，本书在编写过程中，力求解决上述问题，确保全书图文并茂，全面、深入讲解装饰材料及其实际应用。

编者于2009年出版的《装饰材料在设计中的应用》，曾引起广大读者的关注，很多高校师生、用人企业负责人、材料厂商，通过博客、电子邮件与编者联系，咨询有关装饰材料的问题，甚至希望在再版中加入彩色图片。2019年年底，编者经过全面考察后发现，适合高校师生阅读的材料图书相对欠缺，在随后几年的时间里，编者不断收集材料样本，掌握客户反馈的信息，牢牢地抓住了这一消费群体，将这部书奉献给广大的高校师生。

装饰装修行业发展迅速，装饰材料日新月异，因此本书收集了目前市场上最基础的材料。建议广大学子深入学习领悟，并且以此为基础，不断学习，时刻更新自己的材料知识储备，为以后的职业生涯打下坚实的基础。

编　者

目录 CONTENTS

Chapter 1

第一章 绪 论

装饰材料是指在室内外装饰工程中起装饰作用的材料，是装饰工程的物质基础。建筑装饰的总体效果图和功能的实现都是由装饰材料的花色、质感、形状及性能等因素来体现的，能否正确应用装饰材料将直接影响建筑装饰的使用功能、使用年限及外观效果，对方案的实施将产生决定性的影响。另一方面，由于新型材料的发展及国外材料的引入，材料的种类日益增多，各种专业材料及复合型材料更是层出不穷，这些都使得装饰材料的应用及选择变得越来越复杂，越来越难以把握，但同时又让设计师有了更大的选择空间，更有针对性地选择最合适的材料。因此，装饰工程的设计人员和技术人员必须熟悉各种装饰材料的性能、特点、花色、形状、规格和用途，掌握各种材料之间的差别与联系，更好更合理地选样和运用装饰材料，将设计方案完美实现。

第一节 装饰材料的作用

建筑装饰的目的是美化建筑空间环境，满足建筑自身的各项使用功能，并保护建筑物提高建筑物的使用年限，这些都必须通过建筑装饰材料来实现。建筑装饰材料的作用表现在以下几个方面：

1. 保护建筑物，提高建筑物的耐久性

装饰材料首先要起到保护建筑物的作用，由于装饰材料是用在建筑物的表面，经常会受到阳光、风、雨等自然条件的影响和各种不利因素的侵蚀（如刻划、碰撞、试剂、油污、潮湿、氧化等）。为了保护建筑物本身不受或少受这些不利因素的影响，就要在特殊的环境中选择合适的材料，即让装饰材料本身不受这些因素的影响，还能起到保护建筑物的作用，延长建筑物的使用寿命。

2. 满足其使用功能的需要

建筑的空间环境不但要美观，装饰效果好，还要满足其使用功能的需要，不同的空间环境有不同的需求。例如，用于外墙面的装饰材料要有良好的抗风化能力和耐候性；卫生间地面铺设的材料应具有防水、防滑的作用；KTV 包房墙面使用的材料应具有吸声、隔声的功能。因此，建筑装饰材料还必须满足相应使用功能的需要。

3. 改善和美化室内空间环境

建筑不仅是一种造型艺术，也是一种空间艺术，它是通过室内装饰对室内空间进行美化而体现出来的。室内装饰可以表现出自然、浪漫、稳重、高贵、朴素、奢华等感觉，同时，通过各种装饰材料的质感对比等手法可以增加视觉冲击力，不同的装饰材料会给人不同的感觉，产生不同的装饰效果，相同的装饰材料也会因为表面处理工艺的不同而产生不同的装饰效果，如石材、玻璃等。

第二节　装饰材料的学习内容及其重要性

装饰材料种类繁多，以天然石材来说，又可分为大理石与花岗岩。如果想选择石材作为大楼外墙面装饰材料，大理石和花岗岩哪个更合适呢？或许大家会有疑问，它们之间有什么区别。其实花岗岩是一种分布很广的深层酸性火成岩，硬度为 6 ～ 7 度，结构均匀，质地坚硬、耐磨、耐压、耐火及耐大气中的化学侵蚀；而大理石是碳酸盐矿物含量大于 50% 的变质岩，强度较花岗岩低、抗风化能力弱、而且主要化学成分为碱性，答案不言而喻，含碱性成分的大理石会与雨水中的酸性成分发生化学反应而失去光泽，因此，人们一般选用花岗岩作为外墙面装饰材料。

由于不同种类装饰材料的构造是有差别的，所以，装饰材料之间的性质也有或大或小的差异，包括物理性质和化学性质等。也正是因为这些差异而使各种装饰材料的应用空间与使用部位产生不同。以铝为例，由于铝具有质轻的特点被广泛应用于顶棚装饰，然而其又具有金属特性，所以，又被应用在外墙面装饰及有防火等级和使用年限要求的空间。

如图 1-1 所示，装饰材料的学习内容应包括材料的种类（花色、形状、质感）、构造（物理性质、化学性质）、应用、价格、规格及施工工艺等。

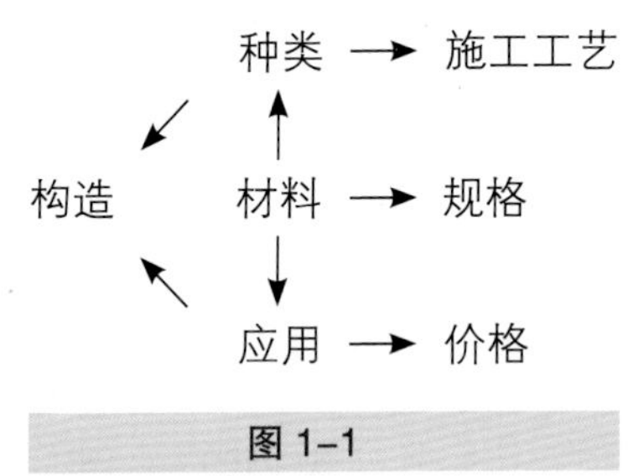

图 1-1

规格尺寸是指各种装饰材料特有的一些固定尺寸。在设计和施工时需要根据装饰材料特有的规格尺寸进行设计和施工。例如，地砖的常规尺寸有 300 mm × 300 mm、600 mm × 600 mm、800 mm × 800 mm 等几种，在地面铺装时要合理根据所选地砖规格尺寸进行设计和铺贴，在不同大小的空间要选择相应规格尺寸的地砖，铺贴时还要注意缝隙的完整性与对称性及与墙砖的对应性等。除在设计和施工中要注意装饰材料的规格尺寸外，在进行预算时同样需要这些数据，合理运用不同规格尺寸的装饰材料可以有效地降低工程造价。虽然施工工艺与材料价格并不是本书所讲述的重点内容，但作为一个设计人员还是应该了解一些材料价格与施工工艺方面的基础知识，以应对将来的工作。

第三节 装饰材料的分类

装饰材料的种类非常繁多，并且现代装饰材料的发展速度又十分迅速，装饰材料品种的更新换代速度异常迅猛。常见的装饰材料品种分类有以下几种。

（1）按材料的化学性质分：

1）无机材料：石材、陶瓷、不锈钢、铝、水泥、玻璃等。

2）有机材料：木材、有机涂料、塑料等。

3）复合材料：人造石材、铝塑板、真石漆等。

（2）按材料在建筑物中的装饰部位分：

1）外墙装饰材料：天然石材、木材、陶瓷、人造石材、玻璃、外墙涂料等。

2）天花（顶棚）装饰材料：纸面石膏板、矿棉吸声板、铝型材、涂料等。

3）地面装饰材料：石材、木地板、地毯、塑胶地板、瓷砖、马赛克等。

4）墙面装饰材料：石材、木饰面板、涂料、墙纸、玻璃、铝塑板、瓷砖等。

装饰材料对于一个设计人员而言，学习的最终目的就是“应用”，而装饰材料的一些基础构造、性质、规格等知识都是应用的前提。同时，由于各类新型材料更新速度迅猛，本书所列举材料知识稍有滞后，也希望同学们能够与时俱进，加以重视，以本书知识为基础，不断更新自己的材料知识。

装饰材料的应用除空间和部位各有不同外，一些装饰和设计手法是编者根据平时工作积累而来，因此非常有限。编者认为，装饰材料的装饰和设计手法是根据每个人对艺术、空间和生活的感受与积累不同而最终形成的产物，就像设计没有绝对的“好”与“坏”一样，希望同学们在理解的基础上大胆的加以创新和应用，为环境艺术设计贡献自己的一份力量。

Chapter 2

第二章 天然石材

知识目标

1. 了解大理石和花岗岩的性能及区别。
2. 了解石材的表面处理方式。
3. 了解石材各种施工工艺的特点。

技能目标

1. 掌握至少 5 种大理石与花岗岩的名称及性能。
2. 掌握手绘石材干挂、湿贴、胶粘的基础工艺节点图。

天然石材是指从天然岩体中开采出来，经机械加工成块或板状材料的总称（图 2–1、图 2–2）。天然石材的蕴藏量丰富，分布广泛，其形成岩石按地质分类法可分为沉积岩、岩浆岩和变质岩三种。

1. 沉积岩

沉积岩（图 2–3）是在地表或近地表形成的一种岩石类型。其是由风化产物、火山物质、有机物质等碎屑物质在常温常压下经过搬运、沉积和石化作用，最后形成的岩石。其中，火山爆发喷射出的大量火山物质是沉积物质的来源之一，植物和动物有机质在沉积岩中也占有一定的比例。无论哪种方式形成的碎屑物质都要经历搬运过程，然后在合适的环境下沉积下来，经过漫长的压实作用，最终石化成坚硬的沉积岩。

2. 岩浆岩

岩浆岩（图 2–4）又称火成岩，是在地壳深处或在地幔中形成的岩浆，当侵入到地壳上部或喷出到地表冷却固结以后，经过结晶作用而形成的岩石。

3. 变质岩

变质岩（图 2–5）是指在地壳形成和发展过程中最早形成的岩石，包括沉积岩、岩浆岩由于地质环境和物理化学条件的变化，在固态情况下发生了矿物组成调整、结构构造改变甚至化学成分的变化，从而形成一种新的岩石，这种岩石被称为变质岩。变质岩是大陆地壳中最主要的岩石类型之一。

由采石场采出的天然石材荒料，或工厂生产出的大块人造石基料，需要按用户要求加工成各类板材或特殊形状的产品（图 2-6）。石材的加工一般有锯切和表面加工。现代建筑室内外装饰装修工程中采用的天然饰面石材主要有大理石和花岗岩两大类。

图 2-1

图 2-2

图 2-3

图 2-4

图 2-5

图 2-6

第一节　天然石材的种类

一、大理石

大理石（图 2-7）是石灰岩或白云岩经过地壳内高温、高压作用而形成的变质岩，常出现层状结构，主要矿物成分为方解石和白云石。

1. 材料的构造

大理石一般常含有氧化铁、二氧化硅、云母、石墨等杂质，使大理石呈现红、黄、棕、绿、黑等各色斑驳纹理。抛光后的大理石表面色彩美观、花纹多样，呈明显的斑纹或条纹状。纯净的大理石为白色，常称为汉白玉，分布较少，属高级别的装饰材料。

图 2-7

2. 材料的性能及特征

天然大理石密度一般为 2500 ～ 2600 kg/m³，质地细密、抗压性强、吸水率低、耐磨、不变形，属中硬石材。大理石结晶颗粒直接结合成整体块状构造，抗压强度为 47 ～ 140 MPa，质地紧密但硬度不大，所以，大理石的抗风化性较差。大理石的主要化学成分为碱性物质。当受到酸雨或空气中酸性氧化物遇水形成的酸类的侵蚀后，材料表面会失去光泽，甚至出现孔斑现象，从而降低了建筑的装饰效果，因此，表面磨光的大理石一般不宜用作室外装修。

二、花岗岩

花岗岩（图 2–8）属岩浆岩（火成岩），其主要矿物成分为长石、石英及少量云母和暗色矿物。其中，长石含量为 40% ～ 60%，石英含量为 20% ～ 40%。磨光花岗岩饰面板花纹呈现均粒状斑纹及发光云母微粒，是装饰工程中使用的高档材料之一。

图 2–8

1. 材料的构造

花岗岩为全晶质结构的岩石，按结晶颗粒的大小，通常可分为细粒、中粒和斑状等几种。花岗岩的颜色取决于其所含长石、云母与暗色矿物的种类与数量，常呈现灰色、黄色、蔷薇色和红色等。

2. 材料的性能及特征

花岗岩构造细密、质地坚硬、耐磨、耐压，属酸性岩石，其化学稳定性好，不易风化变质，耐腐蚀性强，并可经受 100 ～ 200 次以上的冻融循环。花岗岩饰面板多用于室内外墙面、地面的装修。但花岗岩一般存在于地表深层处，有些花岗岩含有微量放射性元素，若大面积使用在居室的狭小空间里，对人体健康会有不利影响。

花岗岩是一种优良的建筑石材，常用于基础桥墩、台阶、路面，也可用于砌筑房屋、围墙。室内一般应用于墙、柱、楼梯踏步、地面、厨房台柜面、窗台面等部位。花岗岩的大小可随意加工，一般用于室内地面铺设的厚度为 20 ～ 30 mm，家具台柜铺设的厚度为 18 ～ 20 mm 等。

三、青石板

青石板（图 2–9）是天然石材中一种分布广泛、价格较低的材料。因其便于简单加工，因此得到广泛使用。青石板装饰效果较好，但其材质较软，易风化。青石板是水成岩，虽然没有大理石的柔润光泽，绚丽多彩，也不像花岗岩那样坚硬、强度高，但其材性、纹理和构造易于劈裂成面积不大的薄板，表面也保持其劈开后的自然纹理形状，再加之青石板有暗红、灰、绿、紫等不

图 2–9

同颜色，易形成色彩丰富，韵味无穷，而具有特殊自然风格的墙面装饰效果。

青石板以其自然凹凸的表面，青色沉稳的感觉备受自然、中式等装饰风格的青睐，适用于墙面、地面等部位（图 2–10 ～图 2–12）。

图2–10

图2–11

图2–12

四、锈石板

锈石板（图 2–13、2–14）同青石板一样，也是天然石材的一种，因其表面效果像生锈的铁一样而得名。

图2–13

图2–14

锈石板拥有生锈一般的特殊表面效果，为设计选材提供了一个新的领域，材料的搭配与对比也因为锈石板的出现而丰富起来。锈石板同青石板一样，适用于室内外地面、墙面等部位（图2–15、图2–16）。

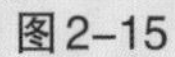

图2–15

图2–16

五、文化石

文化石（图2–17）是近年来国际上开始流行的高级建筑装饰材料，较大理石等石材具有更加灵活的装饰设计和更佳的装饰效果，天然淳朴、欧风卓著。

图2–17

文化石的种类丰富，颜色由浅色到深色不等，有较特殊的立体感及自然美，而且由于其具有块面小的特点，施工时可以将其拼制成曲面、弧形等。其适用于室内外的墙面、地面、顶面、主题背景等部位（图2–18、图2–19）。

图2–18

图2–19

第二节　天然石材在实际工程中的应用

一、石材的价格区间

石材的价格各有不同，从 200 元以内的低档石材到几千元以上的高档石材，在使用和选择时应视不同情况而定。下面介绍一些近年来常用的花岗岩和大理石的价格范围（以“m^2”为计算单位）。

（1）200 元以内石材的有：惠安红、安溪红、樱花红、晶白玉、珍珠红、石岛红、艺麻白、枫叶红、大白花、三宝江、富责红、桂林红、木纹石、晶墨玉、水桃红等。

（2）200 ～ 400 元的石材有：虎贝、地中海米黄、中国红、枫叶红、泸定红、木纹米黄、太行红、夜星雪、武麦红、樱桃红、玫瑰红、中国绿、芝麻红、太行绿、凤尾红等。

（3）400 ～ 800 元的石材有：金花米黄、大花绿、宫廷玉、一品红、亚洲墨等。

（4）800 ～ 1 000 元的石材有：夜玫瑰、桃红、印度红、巴西蓝、爵士白、南非红、细花白、金沙黑、大花绿（意大利）、蓝麻、啡网纹、西班牙米黄等。

另外，在同一种花色的花岗岩和大理石中，由于色泽、纹理、质地不同，价格也不尽相同，甚至同一石材源地开采由于时间先后也会导致价格不同。

二、石材表面处理方法

天然石材经锯切加工制成板材后，可利用不同的加工工序将石材板制成不同的品种，使其产生不同的质感和效果，以满足不同的用途。

1. 光面

光面是经磨细加工和抛光，表面光亮，有鲜明的色彩和绚丽的花纹，是天然石材最常见的表面处理方法之一。由于表面光滑，光面石材一般不用在室外的地面，尤其在北方雨雪天气时容易滑倒（抛光度在 70% ～ 95% 称为光面，当抛光度在 95% 以上称作镜面，抛光度在 40% ～ 50% 为亚光面）。

2. 烧毛面（火烧面）

烧毛面（火烧面）多用于花岗岩表面加工，利用火焰喷射器对锯切后的花岗岩表面进行喷烧，使其温度达到 600 ℃以上。当石材表面产生热冲击及快速的水冷却后，石材表面的石英产生炸裂，形成平整、均匀的凹凸表面，很像天然形成的的表面，没有任何加工痕迹，组成石材的各种晶粒呈现出自然本色。由于其表面粗糙的关系，使用在外墙装饰时容易将人划伤，所以，一般较少用在墙面装饰。

3. 水刷面

水刷面是在烧毛面的基础上再用玻璃渣和水的混合液高压喷刷，使粗糙的表面经水冲刷后拥有光滑的触感，这样既有粗糙的视觉效果，又有光滑的触感，弥补了烧毛面的不足。

4. 机刨面

机刨面（图 2–20）是用刨石机将石材刨成较为平整的表面，条纹相互平行，条纹的宽度有宽纹和窄条，所以，表面效果也各不相同。

5. 仿古面

仿古面（图 2–21）是指在大理石的表面，采用仿古面专用化学处理剂，将石材表面处理成凹凸不平的视觉效果。

6. 荔枝面

荔枝面（图 2–22）是用机器将石材的表面打刨成荔枝皮的外形。

7. 剁斧面

剁斧面（图 2–23）是指石材的表面经剁斧加工，使其表面粗糙，呈现规则的条状斧纹。

8. 蘑菇面

蘑菇面（图 2–24）是用手工工具一点点凿出的，所以，蘑菇面没有完全一样的，由于其加工上的非凡性，使得这一品种石材的天然特征非常明显，备受人们喜爱。

9. 菠萝面

菠萝面（图 2–25）是用手工凿磨的方法将石材的表面打刨成菠萝皮的外形。

图 2–20　图 2–21　图 2–22

图 2–23　图 2–24　图 2–25

天然石材表面的处理方法也可以将两种以上的处理方法同时应用在一块石材上，如在水刷面基础上再进行机刨处理等。

天然石材因其表面处理方式不同，所展现的效果也大相径庭，如白砂米黄的光面与仿古面，锈石的光面与火烧面等。

三、石材施工工艺

天然石材板常见厚度为 20 mm 和 25 mm，因其原板为大块板，所以，实际上天然石材可以切出任何人们所需要的尺寸。

天然石材板的厚度一般为 20 mm，如采用干挂法施工，其厚度不能小于 20 mm（一般采用 25 mm），如果采用湿贴等施工工艺，可采用 12 mm 或 15 mm 厚的石材。

1. 锚固灌浆法

锚固灌浆法也称湿挂法（图 2–26 ～图 2–31），主要有绑扎固定灌浆和金属件锚固灌浆两种做法。其是指先在建筑上固定好石材板后，再在板材饰面的背面与基层表面所形成的空腔内灌注水泥砂浆或水泥石屑浆，将天然石板整体固定牢固的施工方法，可用于混凝土墙、砖墙表面装饰。锚固灌浆法的造价低，对于较大规格的重型石板饰面工程，安全可靠性能有保障。其主要缺点包括：镶贴高度不得超过 3 m；现场湿作业多，易污染环境；工序较为复杂，需要分批进行，每隔 1 m 灌浆一次，待初凝后方可继续灌浆，所以，施工进度慢、功效低；容易“泛碱”（水泥砂浆在水化过程中析出的氢氧化钙泛到石板表面而产生花斑）。为防止“泛碱”现象，影响装饰效果，天然石材安装之前，应对石板采用“防碱背涂剂”进行背涂处理。

图2–26

图2–27

图2–28

图2–29

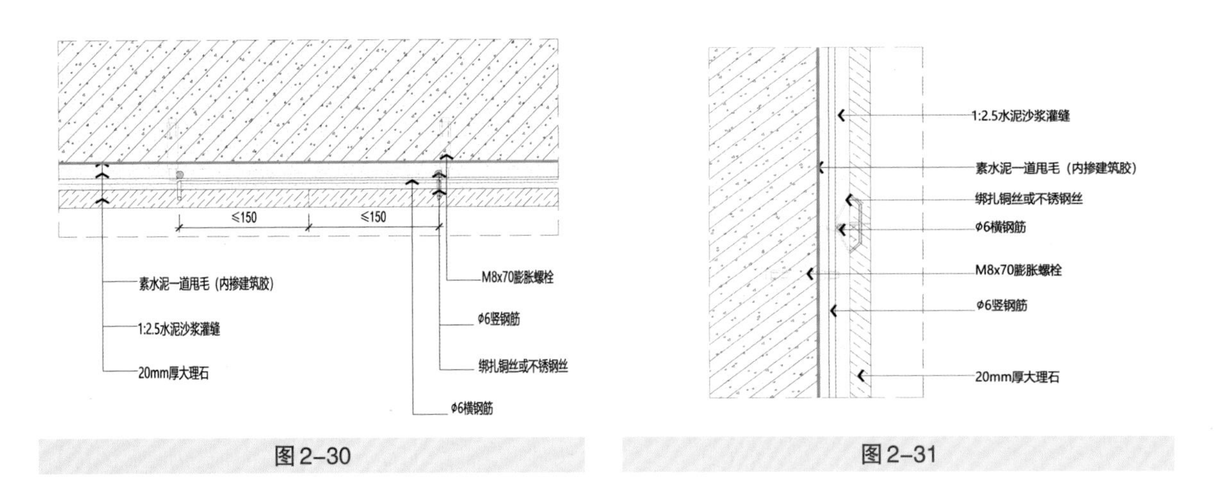

图 2–30　　图 2–31

2. 干挂法

干挂法（图 2–32 ～图 2–34）是利用高强度螺栓和耐腐蚀、强度高的金属挂件（扣件、连接件）或利用金属龙骨，将饰面石板固定于建筑物外表面的做法。石材饰面与结构之间留有 40 ～ 50 mm 的空隙。

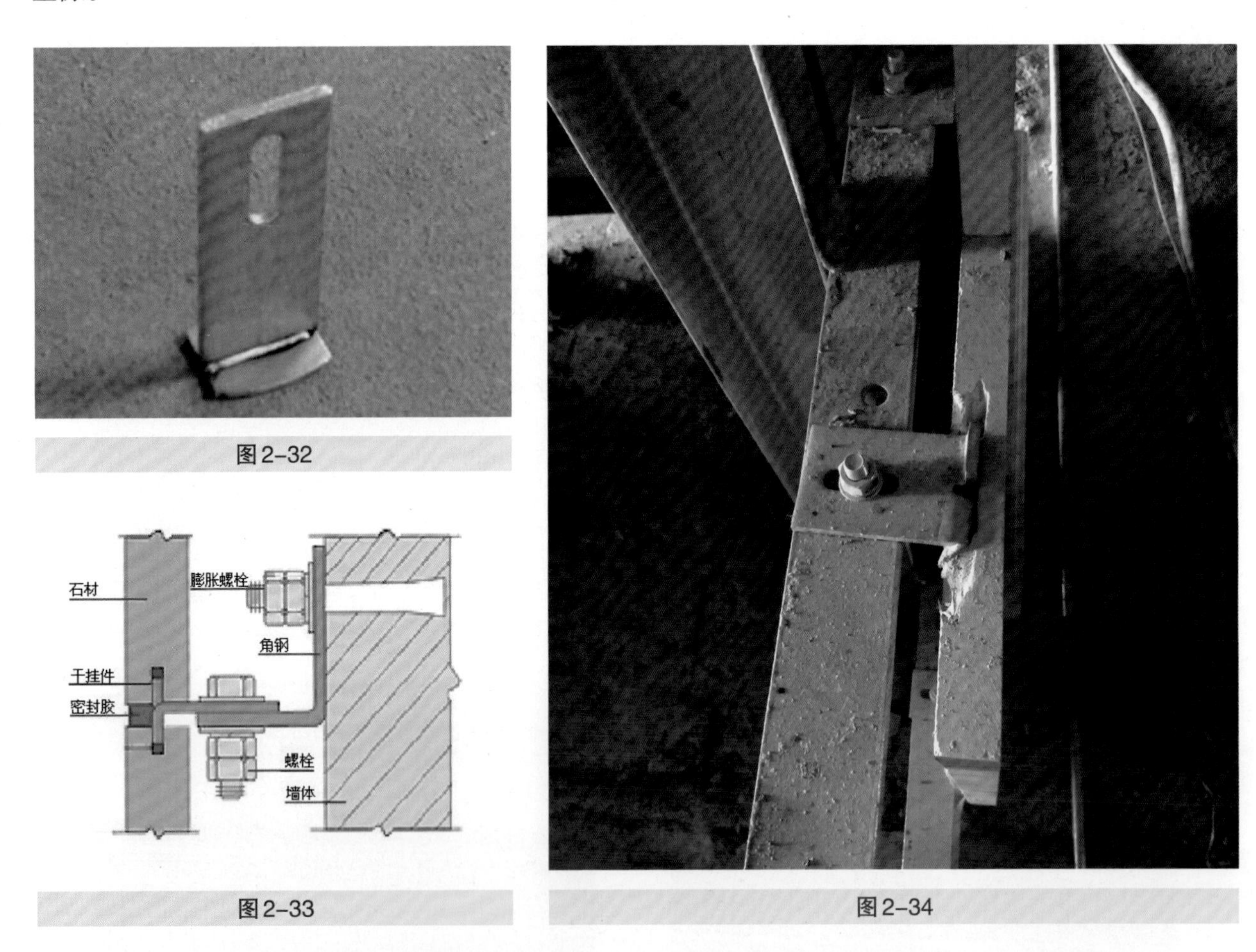

图 2–32　　图 2–33　　图 2–34

《天然石材装饰工程技术规程》（JCG/T 60001—2007）第 5.1.5 条规定，当石材板单件负量大于 40 KG 或单块板面积超过 $1m^2$ 或室内建筑高度在 3.5 m 以上时，应干挂法安装。此方法免除了灌浆湿作业，可缩短施工周期，减轻建筑物自重，提高抗震性能，增强石材饰面安装的灵活性和保证装饰施工质量，但工程成本较高。

3. 粘贴固定法

粘贴固定法（图 2–35）是指采用水泥砂浆、聚合物水泥浆及新型黏结材料（建筑胶粘剂，如环氧树脂胶等）等将天然石材饰面板直接镶贴固定于建筑结构基本表面。这种做法与墙面砖镶贴施工方法相同，但要求饰面镶贴高度应限制在一定范围内。

图 2–35

四、天然石材的应用

天然石材是一种优良的建筑石材。花岗岩常用于基础桥墩、台阶、路面，也可用于砌筑房屋、围墙等。大理石一般用于室内墙、柱、楼梯踏步、地面、厨房台柜面、窗台面等部位。石材的大小可随意加工，用于铺设室内地面的厚度常为 20 mm，铺设家具台柜的厚度为 18 ～ 20 mm。

天然石材是装饰材料中较高档的材料之一，因此，高档的天然石材常常是高贵、奢华的象征。大理石不宜用作室外装饰，室外空气中的二氧化硫会与大理石中的碳酸钙发生反应，生成易溶于水的石膏，使表面失去光泽、粗糙多孔，从而降低装饰效果，所以，大理石一般适用于室内装修，如星级酒店、会所、KTV、高档餐厅、别墅等空间 (图 2–36、图 2–37)。

图 2–36

图 2–37

天然石材尤其是花岗岩有极好的耐候性、耐腐蚀性及耐磨性，且具有强度高和吸水率低等特点。因此，花岗岩常用于建筑物外墙、广场地面及人流较多的室内大厅等空间，在游泳池、浴池、卫生间等潮湿环境也被广泛使用（图 2–38 ～图 2–41）。

图 2–38

图 2–39

图 2-40

图 2-41

天然石材的寿命一般可达百年以上，而且是防火等级为 A 级的不燃材料。因此，天然石材被广泛应用于飞机场、火车站、商场、法院、博物馆、纪念馆等空间（图 2-42、图 2-43）。

图 2-42

图 2-43

天然石材由于其现场开采的特点，可以加工成大块板、弧形板、曲面板等，因此，石材可以用于包柱子、做楼梯踏步、窗台板、过门石或其他异型加工造型（图 2-44、图 2-45）。

图 2-44

图 2-45

有一些天然石材如云石、松香玉等可以透光，因此，这些石材可以用作制作灯箱的材料（图 2-46、图 2-47）。

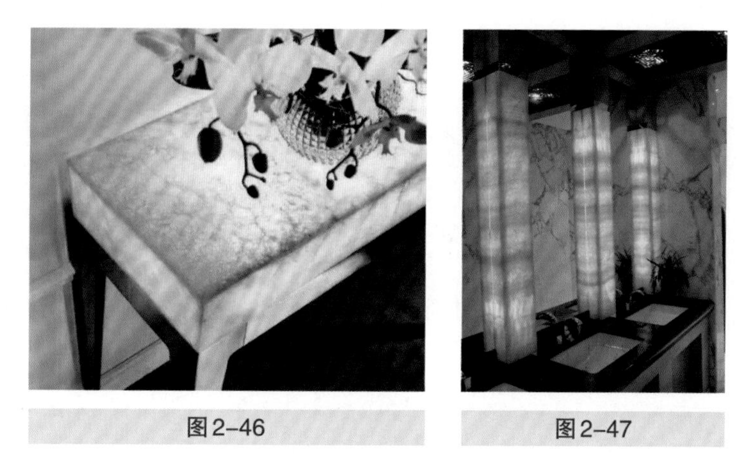

图2-46　图2-47

五、知识拓展

1. 大理石

（1）白色系列大理石。

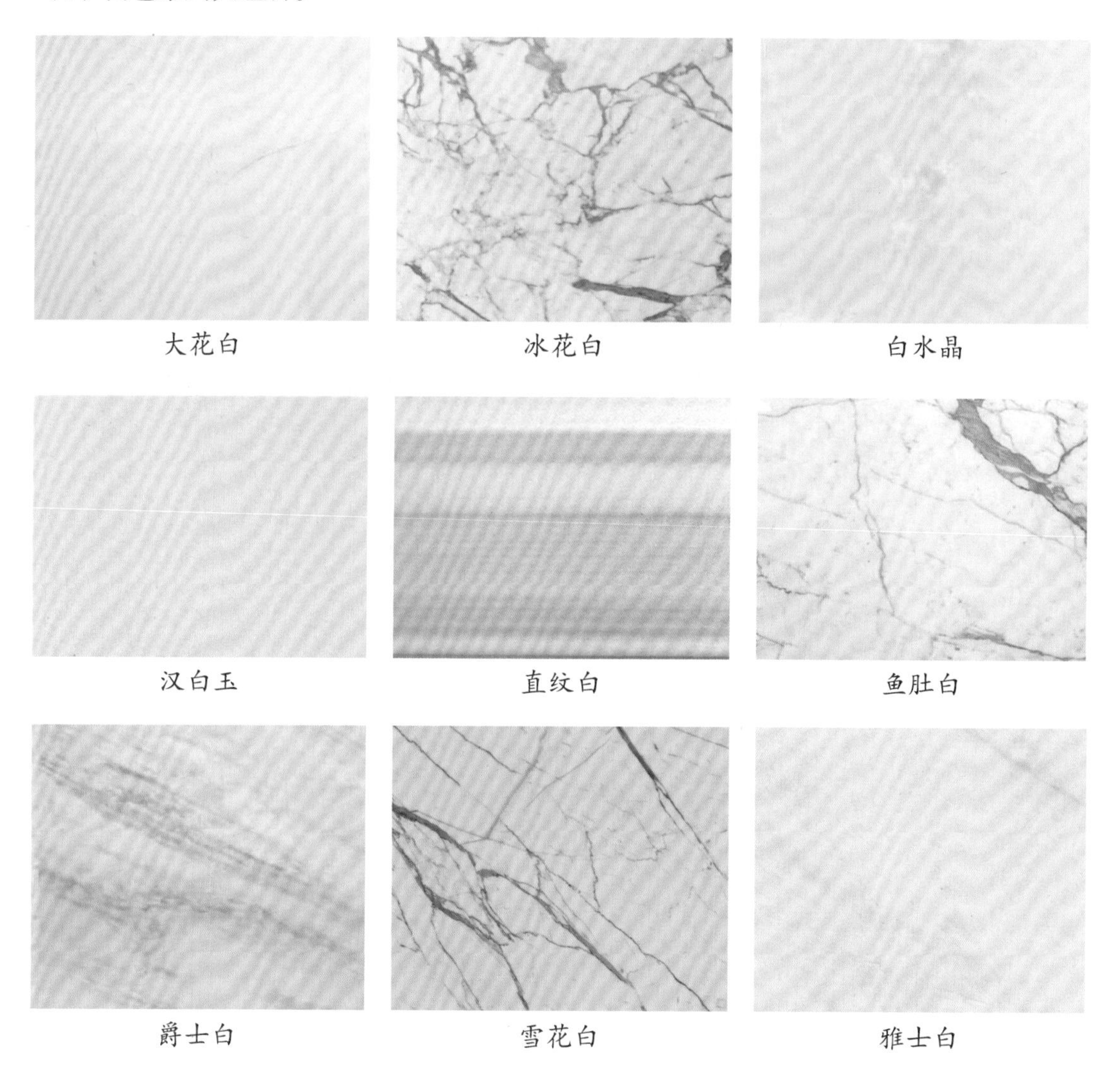

大花白　冰花白　白水晶

汉白玉　直纹白　鱼肚白

爵士白　雪花白　雅士白

（2）灰色系列大理石。

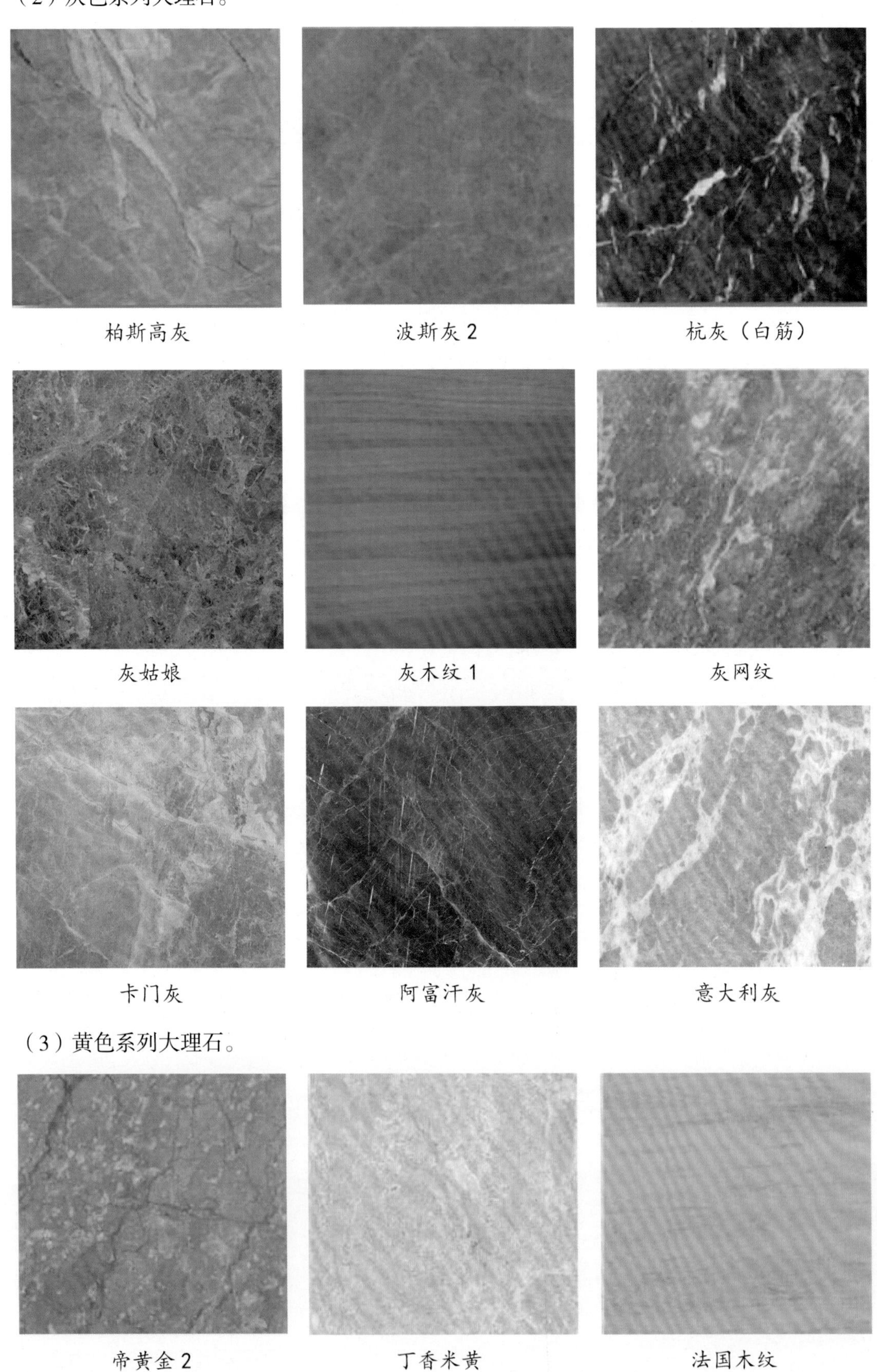

柏斯高灰　　波斯灰 2　　杭灰（白筋）

灰姑娘　　灰木纹 1　　灰网纹

卡门灰　　阿富汗灰　　意大利灰

（3）黄色系列大理石。

帝黄金 2　　丁香米黄　　法国木纹

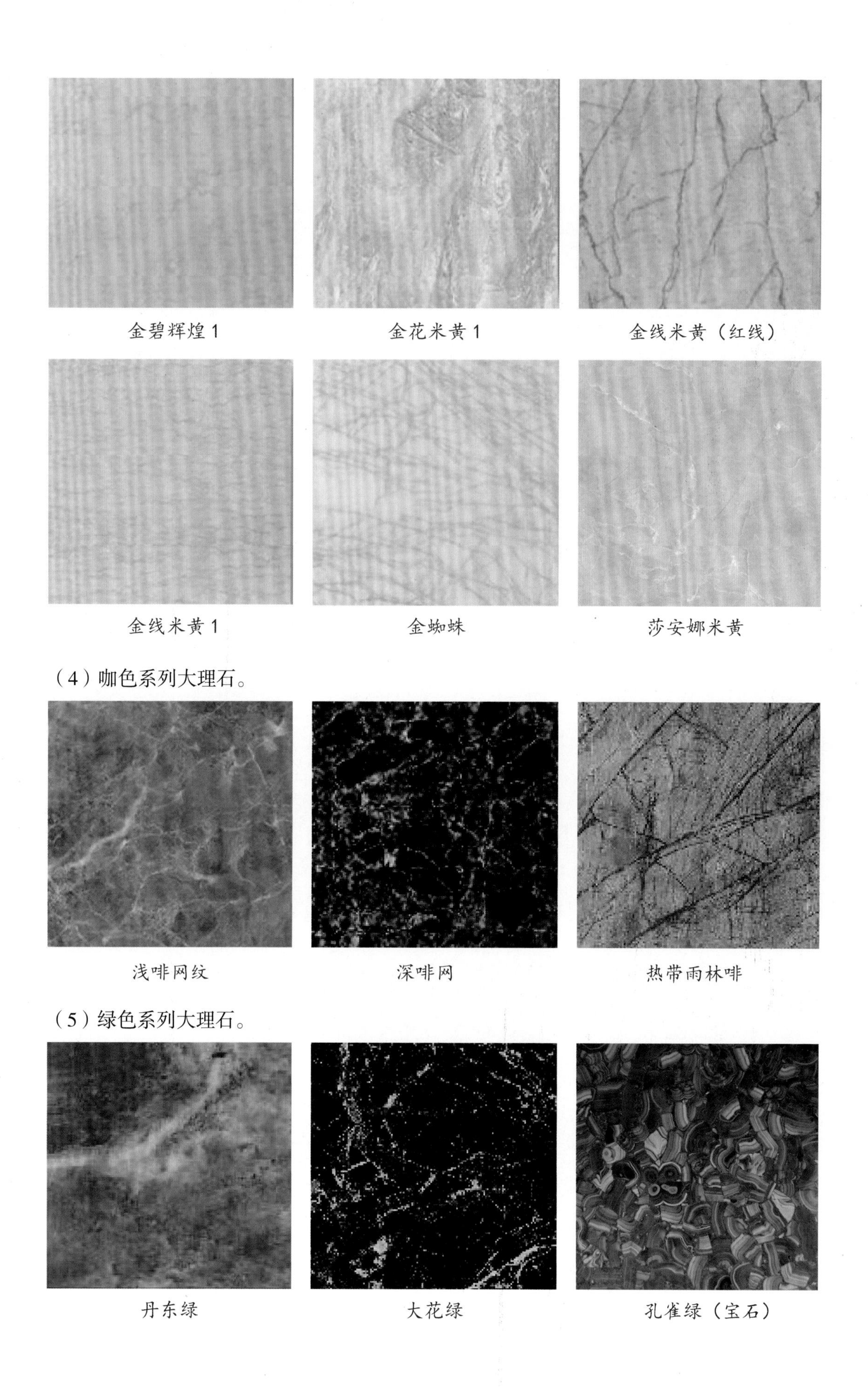

金碧辉煌 1　　金花米黄 1　　金线米黄（红线）

金线米黄 1　　金蜘蛛　　莎安娜米黄

（4）咖色系列大理石。

浅啡网纹　　深啡网　　热带雨林啡

（5）绿色系列大理石。

丹东绿　　大花绿　　孔雀绿（宝石）

孔雀绿（常规石）　雨林绿 2　印度大花绿

（6）红色系列大理石。

紫罗红　挪威红　橙皮红

（7）黑色系列大理石。

黑白根　黑金花　黑木纹

墨玉　劳伦黑金

2. 花岗岩

（1）白麻系列花岗岩。

芝麻白　　白珠白麻　　树挂冰花

浪花白　　银穗　　白玫瑰

（2）黑色系列花岗岩。

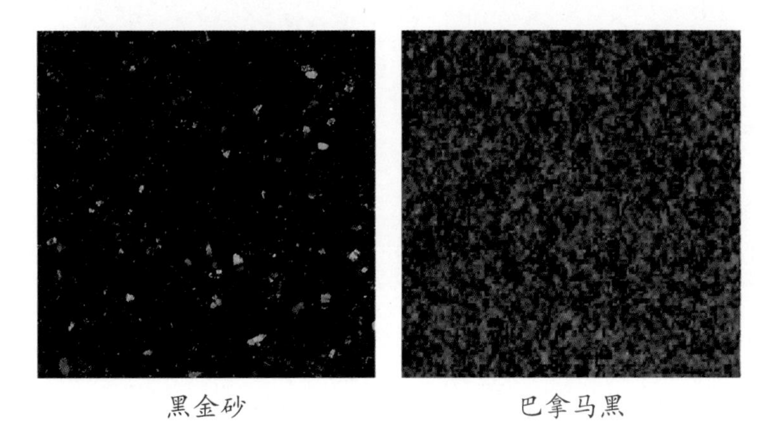

黑金砂　　巴拿马黑

（3）黄麻系列花岗岩。

金麻石　　金丝缎　　加里奥金

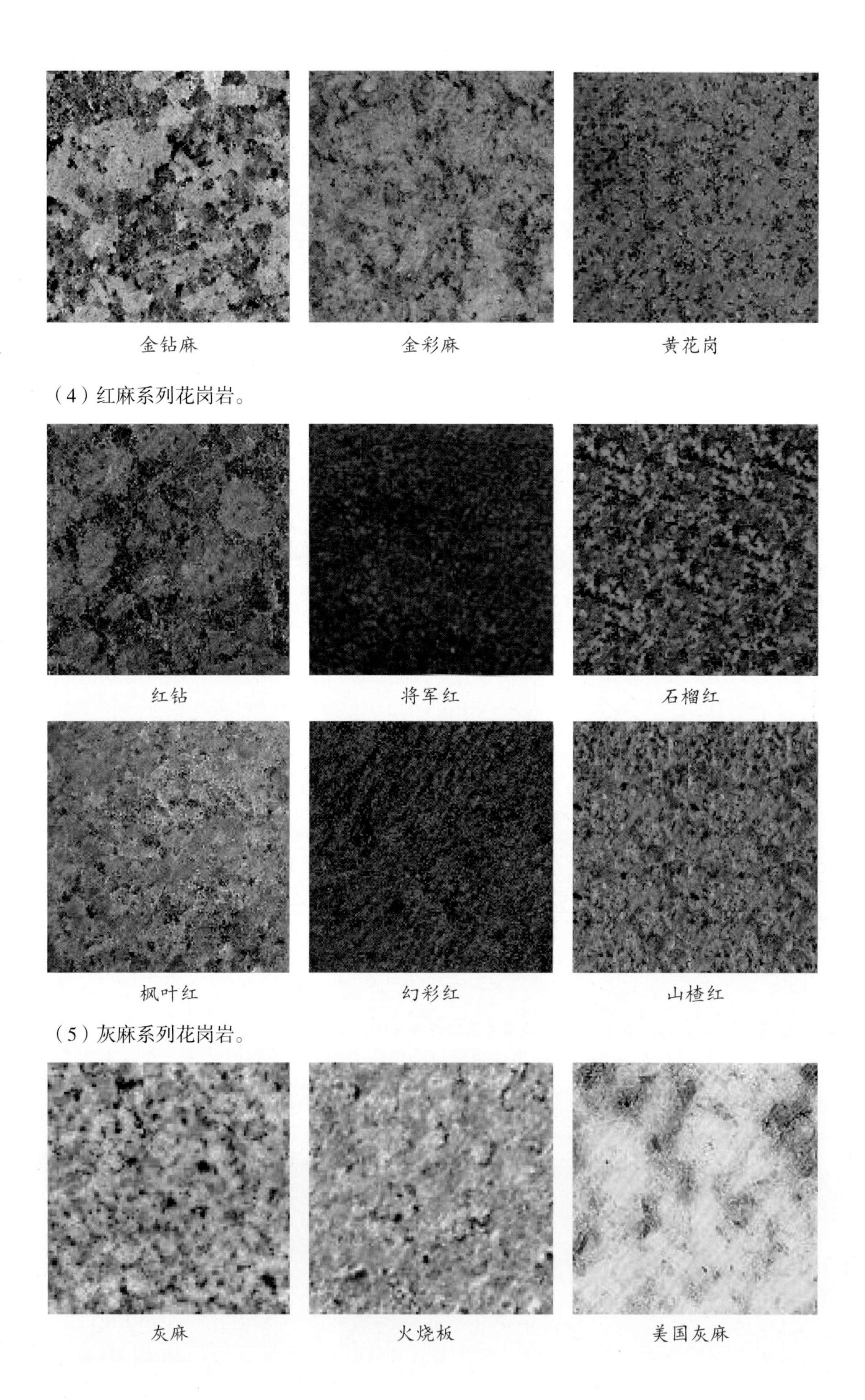

金钻麻　金彩麻　黄花岗

（4）红麻系列花岗岩。

红钻　将军红　石榴红

枫叶红　幻彩红　山楂红

（5）灰麻系列花岗岩。

灰麻　火烧板　美国灰麻

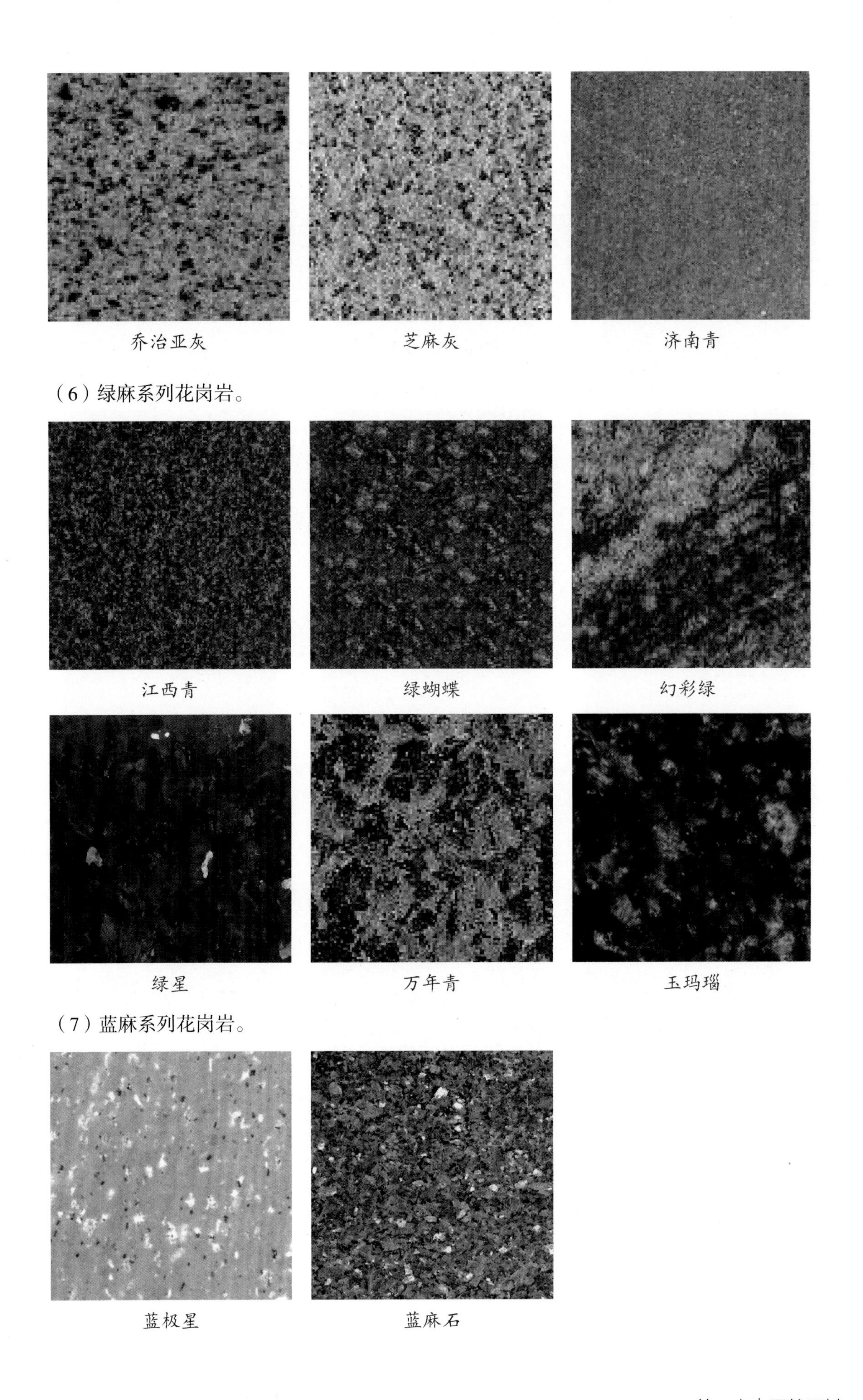

乔治亚灰　　芝麻灰　　济南青

（6）绿麻系列花岗岩。

江西青　　绿蝴蝶　　幻彩绿

绿星　　万年青　　玉玛瑙

（7）蓝麻系列花岗岩。

蓝极星　　蓝麻石

（8）花麻系列花岗岩。

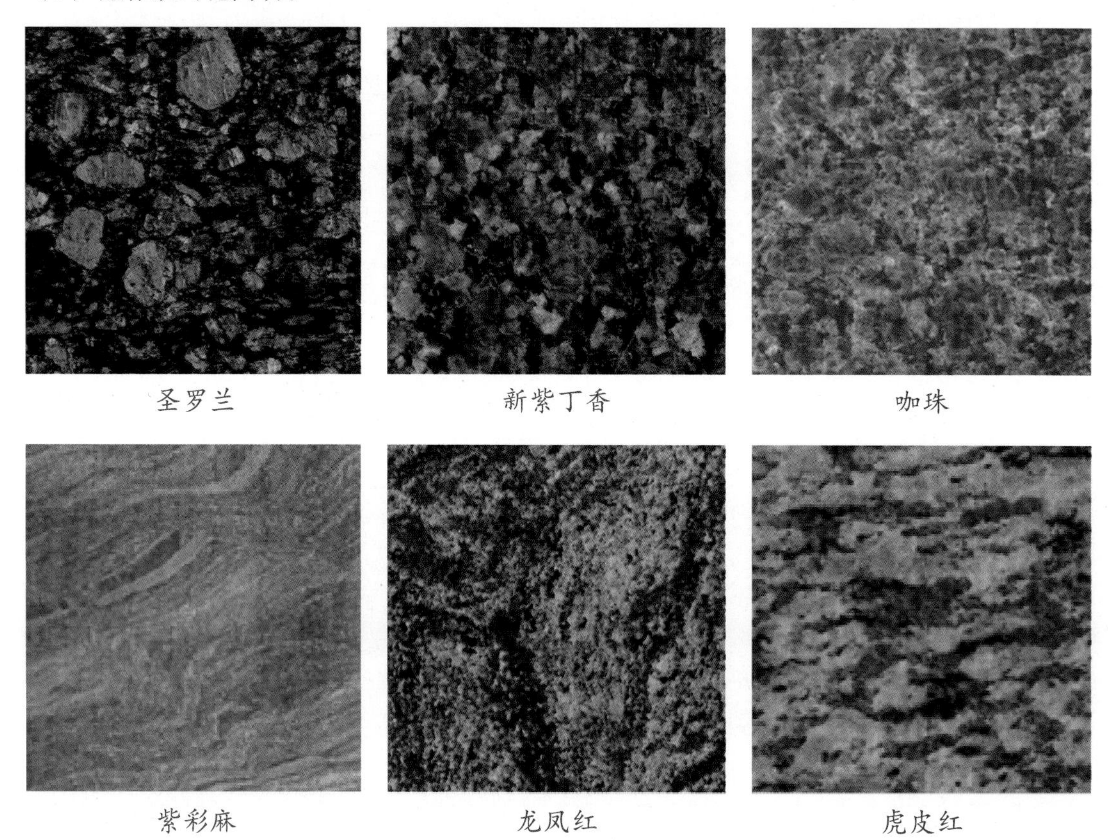

圣罗兰　新紫丁香　咖珠

紫彩麻　龙凤红　虎皮红

3. 奢华大理石

奢华的大理石石材不同于常用的花岗岩和大理石，主要是指天然石英石或半宝石、水晶及玛瑙等有着特殊的色彩和纹理的特色石材（图 2-48、2-49），如蓝宝石、亚马逊绿、铁红、林海雪原、鱼肚白等。

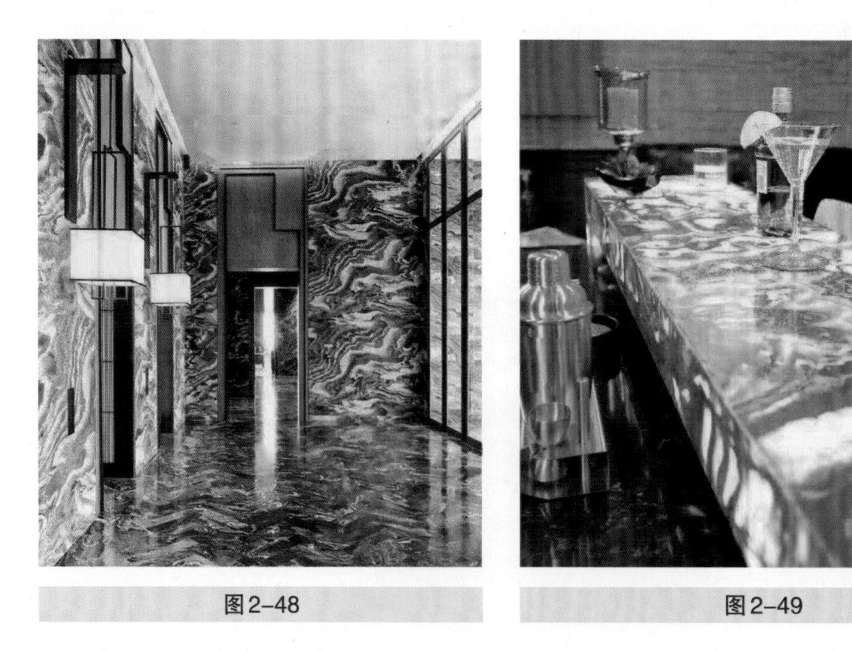

图2-48　图2-49

奢华大理石不同于普通大理石的特点主要包括：

（1）极具稀缺性：很多矿石品种稀有，每年都限量出产，特色石材的材质大部分为石英石和半宝石乃至宝石，部分宝石是首饰行业的主要原材料，材质极其稀缺与珍贵。

（2）唯一性：不易找到同类型产品替代。

（3）颜色纹理丰富：特色石材的颜色极其丰富多彩，纹路规则与不规则都不拘一格。

（4）光泽度高：奢华大理石石材通常是较硬的石英石，板面光泽度高，有一些是天然玉石或水晶，透光效果显著。

（5）加工难度高：特色石材的硬度大部分在 7 以上，有的是 8 ～ 9，甚至接近 10 的硬度。切割难度是普通石材的 3 ～ 4 倍。

（6）极具艺术表现力：板面有强大的艺术表现力，可以作为艺术品收藏。

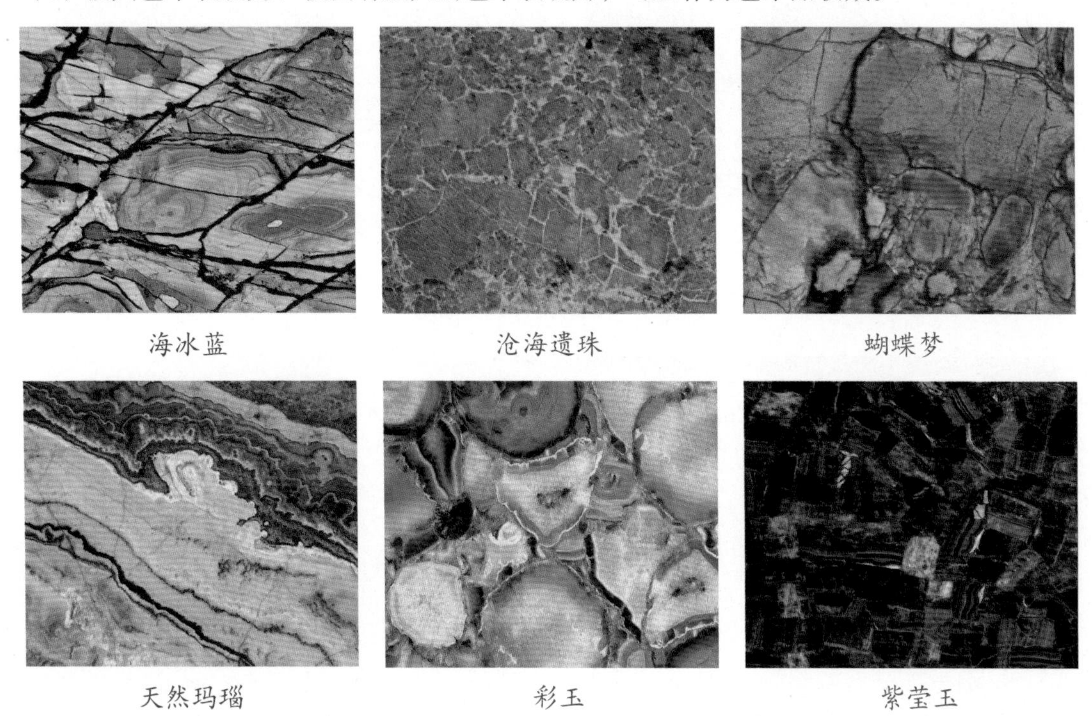

海冰蓝　沧海遗珠　蝴蝶梦

天然玛瑙　彩玉　紫莹玉

本章小结

本章主要介绍了天然石材的分类、应用及其安装施工工艺。由于使用天然石材装饰的部位不同，因而所选用的石材类型也会不同。建筑物室外装饰时，需长期经受风吹雨淋日晒，由于花岗岩不含有碳酸盐成分，且吸水率小，抗风化能力强，故室外装饰最好选用各种类型的花岗岩石材；用于厅堂地面装饰的饰面石材，要求其物理化学性能稳定，机械强度高，应首选花岗岩石材；用于墙裙及家居卧室地面的装饰材料，其机械强度性能要求稍低，故可采用具有美丽图案的大理石。

天然石材的图案、色彩丰富多样。需要注意的是，每一批次开采出的石材，在图案及色彩方面都会有差别，所以在工程中，要尽量避免分批采购石材而造成色差。随着石材矿山的不断挖掘开采，日后也会不断涌现出新的石材，需要大家不断跟进了解石材市场的相关信息，与时俱进，掌握新石材的品种及性能，并更好地应用于设计实际之中。

课后实训

1. 请绘制出石材墙面干挂、湿贴、胶粘的节点构造工艺图。
2. 请分别阐述大理石与花岗岩的优缺点及适用场合。
3. 请分别写出下列石材的名称。

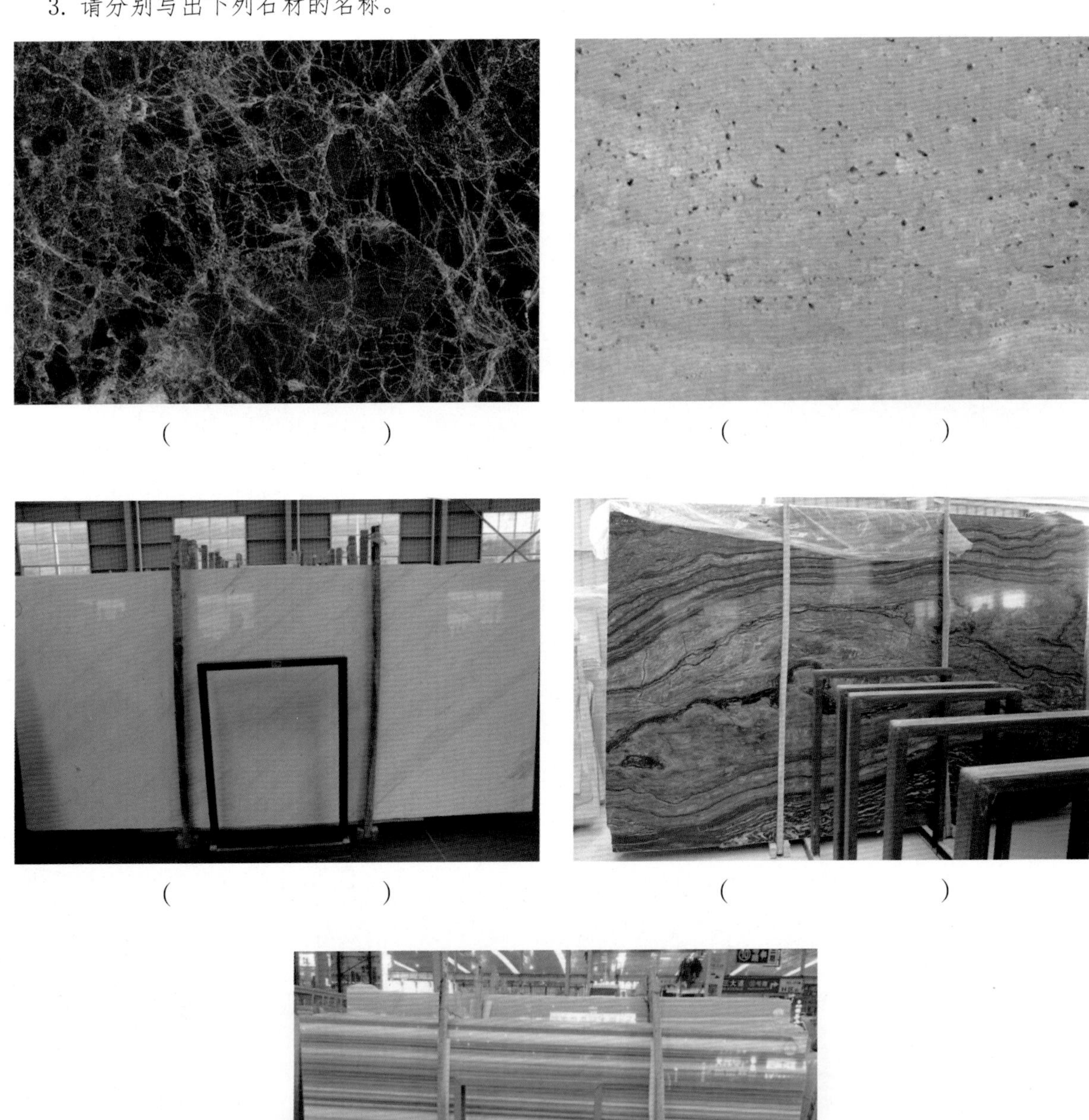

( )　　( )

( )　　( )

( )

Chapter 3

第三章 人造石材及陶瓷

第三章

知识目标

1. 了解常见人造石材的种类。
2. 了解水磨石的施工工艺。
3. 了解岩板的特点及其适用范围。

技能目标

1. 掌握陶瓷砖的不同种类及其特点。
2. 掌握瓷砖的铺贴施工工艺。

第一节 人造石材

天然石材属不可再生资源，当某种石材的矿山资源被开采殆尽时，此种石材品种就基本等于灭绝，而且天然石材的价格较高，是普通装饰材料中较为昂贵的材料。

人造石材（图 3–1 ～图 3–3）是以少量天然石材为原料加工而成的装饰材料。

图 3–1

图 3–2

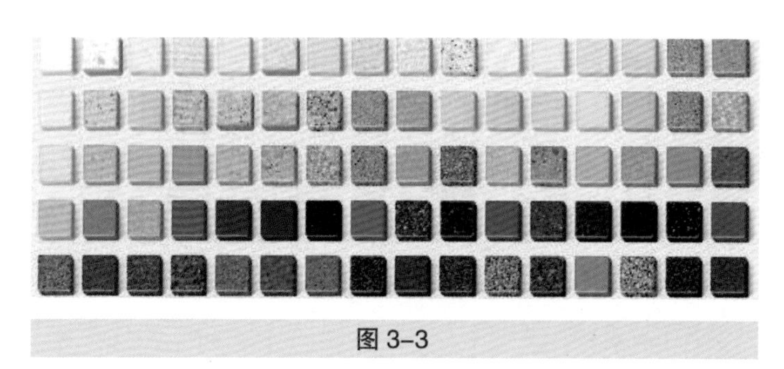
图 3-3

人造石材的产生不仅可以减少天然石材的使用，而且可以回收部分天然石材的废料，是一种健康环保的装饰材料。俗语说“青出于蓝而胜于蓝”，人造石材在各种性能方面一般都优越于天然石材且花色品种可以设计定做，价格也低于大部分天然石材。

目前，人们常用的人造石材类装饰材料包括微晶石、无孔微晶石、凤凰玉石、水磨石、人造石、人造透光云石、岩板等。

一、微晶石

微晶石也称为微晶玻璃（图 3-4 ～图 3-6），是一种采用天然无机材料，运用高新技术经过两次高温烧结而成的新型绿色环保高档建筑装饰材料。微晶石具有板面平整洁净，色调均匀一致，纹理清晰雅致，光泽柔和晶莹，色彩绚丽璀璨，质地坚硬细腻，不吸水防污染，耐酸碱抗风化，绿色环保、无放射性毒害等优点。这些优良的理化性能都是天然石材所不可比拟的。各种规格、不同颜色的微晶石平面板、弧形板可用于建筑物的内外墙面、地面、圆柱、台面和家具装饰等任何需要石材建设或装饰的部位。

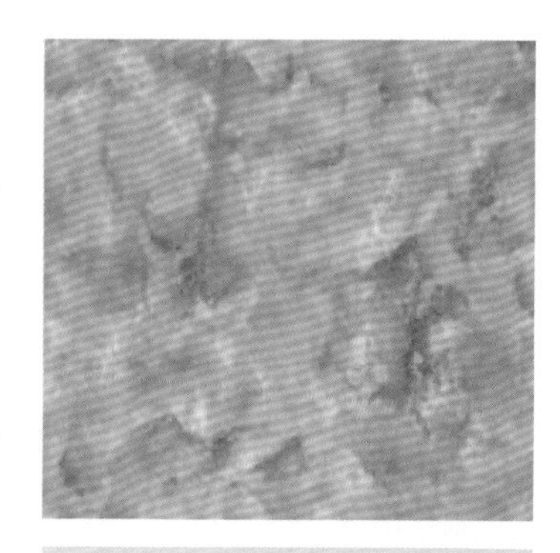
图 3-4

复合微晶石也称为微晶玻璃陶瓷复合板（图 3-7），复合微晶石是将微晶玻璃复合在陶瓷玻化砖表面一层 3 ～ 5 mm 的新型复合板材，经二次烧结而成的高科技新产品。复合微晶石厚度为 13 ～ 18 mm。

图 3-5　图 3-6　图 3-7

1. 微晶石的特点

（1）性能优良，比天然石更具理化优势。微晶石是在与花岗岩形成条件相似的高温状态下，通过特殊的工艺烧结而成，具有质地均匀，密度大，硬度高等优点，抗压、抗弯、耐冲击等性能优于天然石材，经久耐磨，不易受损，更没有天然石材常见的细碎裂纹。

（2）质地细腻，板面光泽柔和。微晶石既有特殊的微晶结构，又有特殊的玻璃基质结构，质地细腻，板面晶莹亮丽，对于射入光线能产生扩散漫反射效果，使人感觉柔美和谐。

（3）色彩丰富，应用范围广泛。微晶石的制作工艺，可以根据使用需要生产出丰富多彩的色调系列（尤以水晶白、米黄、浅灰、白麻四个色系最为时尚、流行），同时，又能弥补天然石材色差大的缺陷。

（4）耐酸碱度佳，耐候性能优良。微晶石作为化学性能稳定的无机质晶化材料，又包含玻璃基质结构，其耐酸碱度、抗腐蚀性能都优于天然石材，尤其是耐候性更为突出，经受长期风吹日晒也不会褪色，更不会降低强度。

（5）卓越的抗污染性，易清洁维护。微晶石的吸水率极低，几乎为零，多种污秽浆泥、染色溶液不易侵入渗透，依附于表面的污物也很容易清除擦净，特别方便于建筑物的清洁维护。

（6）能热弯变形，便于制成异型板材。微晶石可用加热方法，制成所需的各种弧形、曲面板，具有工艺简单、成本低的优点，避免了弧形石材加工需要大量切削、研磨、耗时、耗料、浪费资源等弊端。

（7）不含放射性元素。微晶石的制作已经人为地剔除了任何含辐射性的元素，不会像天然石材那样可能出现对人体的放射性伤害，是现代最为安全的绿色环保型材料。

2. 微晶石的规格

微晶石的规格有 900 mm × 1 800 mm，1000 mm × 2 000 mm，1 200 mm × 1 800 mm，1 200 mm × 2 400 mm；厚板的厚度为 18 ～ 20 mm，薄板的厚度为：10 ～ 14 mm，地面所用微晶石的厚度一般为 10 mm。

3. 微晶石的施工工艺

微晶石的施工工艺与天然石材的施工工艺基本相同。

微晶石饰面用于外墙装饰时，板背可粘上玻璃纤维防护网，从而能防止安装中若板材破裂为造成碎片坠落。

4. 微晶石的应用

（1）微晶石有非常好的耐磨性，而且不吸水，极易清洁。因此，其被广泛应用于人流较多的公共空间，如医院、法院、办公楼的大厅、酒店大堂、走廊等空间。由于部分白色天然石材质地较软，不宜用于地面，所以，纯白色微晶石被广大设计师所喜爱（图 3–8、图 3–9）。

图 3–8

图 3–9

（2）微晶石拥有比天然石材更好的性能，因此，单从功能方面考虑微晶石可以用于所有天然石材所适用的空间和部位，且比天然石材更易切割，更易异型加工，而且成本更低（图 3–10）。

二、无孔微晶石

无孔微晶石也称为人造汉白玉 (图 3–11)，是一种多项理化指标均优于普通微晶石、天然石材的新型高级环保石材。

图3–10

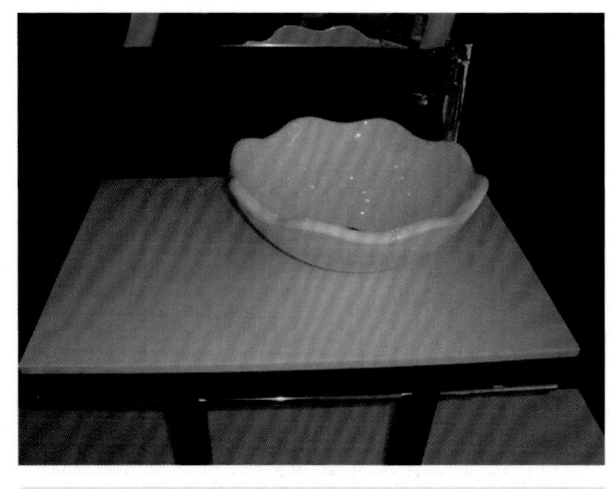
图3–11

1. 无孔微晶石的特点

（1）通体无气孔、无杂斑点。

（2）光泽度高（最高可达 95 以上）。

（3）吸水率为零（吸附污水杂质的概率接近于零，具有很好的抑菌功能）。

（4）可打磨翻新（重新抛光打磨后颜色如新板材一样没有色差，大大降低了后期翻修的成本）。

2. 无孔微晶石的应用

（1）无孔微晶石从各方面弥补了普通微晶石，天然石材的缺陷，广泛应用于外墙、内墙、地面、圆柱等部位。

（2）用无孔微晶石制作而成的洗手台、洗手盆、台面等，可以达到很好的装饰效果 (图 3–12 ～图 3–14）。

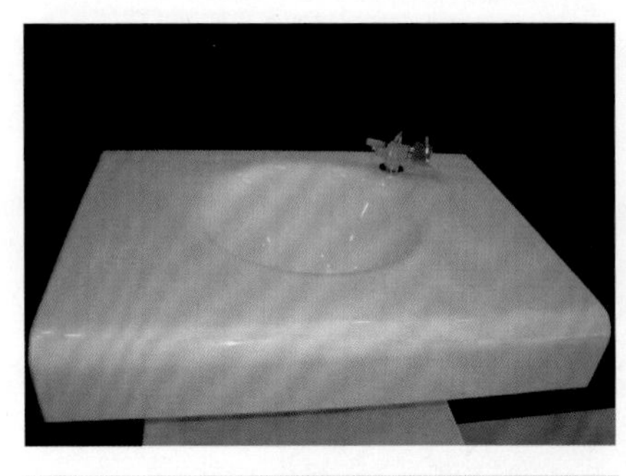
图3–12

图3–13

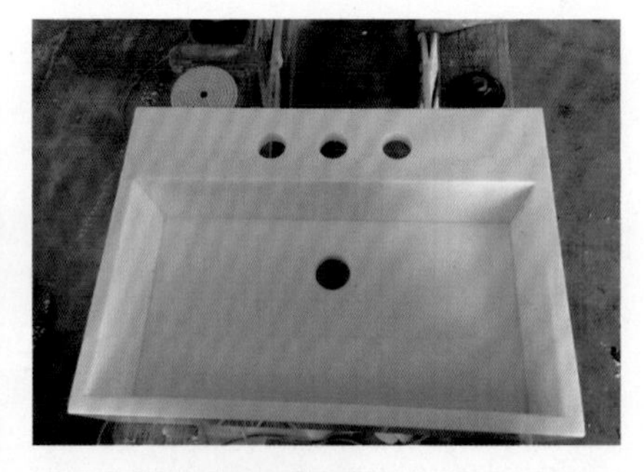
图3–14

（3）无孔微晶石一般为纯白色，给人以纯洁高雅的感觉。

（4）无孔微晶石砂子的耐磨性略低，设计时须注意使用空间所对应的人群。

三、凤凰玉石

凤凰玉石也称为乳化玻璃，是一种绿色环保的新型装饰材料，可以替代天然石材，较天然石材具有更灵活的装饰设计和更佳的装饰效果。

1. 凤凰玉石的特点

（1）玉般质感，不吸水、不吸污、无放射性。

（2）质地晶莹、光洁、亮丽、色泽柔和自然。

（3）无气孔、平直、无暇疵和斑点。

（4）抗折、抗压、抗冲击、抗风化。

（5）无色差、立体感强、绿色环保、硬度高。

（6）耐高温、耐磨损、耐腐蚀。

（7）可倒角磨边，横切面抛光度和正面相同。

（8）可打磨翻新处理。

2. 凤凰玉石的规格

凤凰石的规格有 1 000 ～ 1 600 mm × 2 400 ～ 3000 mm × 18/20/25 mm。

3. 凤凰玉石的应用

（1）凤凰玉石的性能优越于天然石材，适用于高档室内空间的墙、地面装饰。

（2）凤凰玉石有白色、黄色、黑色等颜色，可以制作成玉石圆柱、异型台面板、洗手台面、洗手盆等。

四、水磨石

水磨石（图 3–15）是用水泥、石屑等原材料加水搅拌均匀，涂抹在建筑表面，凝固之后再用金刚石或打磨设备经研磨、抛光而制成的制品。

水磨石可根据需要在水泥等原材料中加入不同颜料以制成不同颜色的水磨石，也可以制作成不同的花样图案。

图 3–15

1. 水磨石的特点

水磨石的优点是美观大方、平整光滑、坚固耐久、易于保洁且整体性好，其缺点是施工工序多、施工周期长、噪声大、现场湿作业多及易形成污染。

2. 水磨石施工工艺

现浇水磨石地面是在水泥砂浆或混凝土垫层上，按设计要求分格并抹水泥石子浆，凝固硬化后，磨光露出石渣（图 3–16），并经补浆、细磨、打蜡即成水磨石地面，可分为普通水磨石面层和彩色美术水磨石面层两类。现浇水磨石地面主要用于工厂

图 3–16

车间、医院、办公室、厨房、过道或卫生间地面等部位，对清洁度要求较高或潮湿的场所较合适。

3. 水磨石的应用

（1）水磨石可以切割成块，应用于卫生间隔断墙、窗台板等部位（图 3–17）。

（2）水磨石因其耐磨、花色多的特点，广泛应用于火车站、饭店、宾馆等空间的地面（图 3–18）。

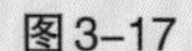

图3–17

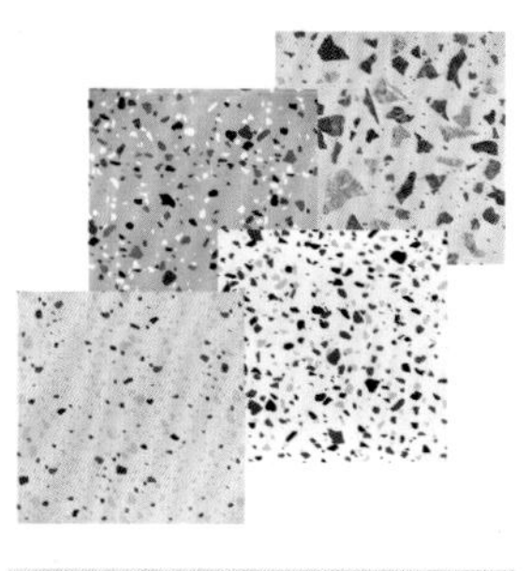

图3–18

五、人造石

人造石（图 3–19）是用不饱和聚酯树脂与填料、颜料混合，加入少量引发剂，经一定的加工程序制成的。在制造过程中配以不同的色料可制成色彩艳丽、光泽如玉，酷似天然大理石的制品。

图3–19

1. 人造石的特点

（1）人造石表面光洁、无气孔、麻面等缺陷，色彩美丽、基体表面有颗粒悬浮感，具有一定的透明度。

（2）人造石有较高的强度、刚度、硬度，以及有非常好的耐冲击性和抗划痕性。

（3）人造石具有耐气候老化、尺寸稳定、抗变形及耐骤冷骤热性等特点。

（4）人造石具有无毒、无渗透、易切削加工、色彩可任意调配、形状任意浇注、能拼接各种形状及图案、能与水槽连体浇注、拼接不留痕迹等优点。

（5）人造石中无放射性物质，对人体无害。

2. 人造石的应用

人造石除可以做高档台面、窗台、浴盆、台盆、大楼立柱、高级休闲桌外，还可以浇注成各种雕塑装饰品（图 3–20 ～图 3–23）。

图3–20

图3–21

图3-22

图3-23

六、人造透光云石

人造透光云石（图 3–24）具有晶莹通透的特点，各种花纹如行云流水，优美典雅，光洁清丽，美唤美伦，具有透明透光的质感。透光云石具有天然大理石花纹的典雅豪华，又具有现代艺术风格的品位，适用于各类建筑物的透光幕墙、透光吊顶、透光家具、高级透光灯饰等。人类透光云石安装后质量仅为天然石材的 1/4 左右，能较大幅度减轻建筑物自重，且安装简便，施工环境整洁，比天然石材更有优势，是现今建筑行业中时尚的装饰材料之一。

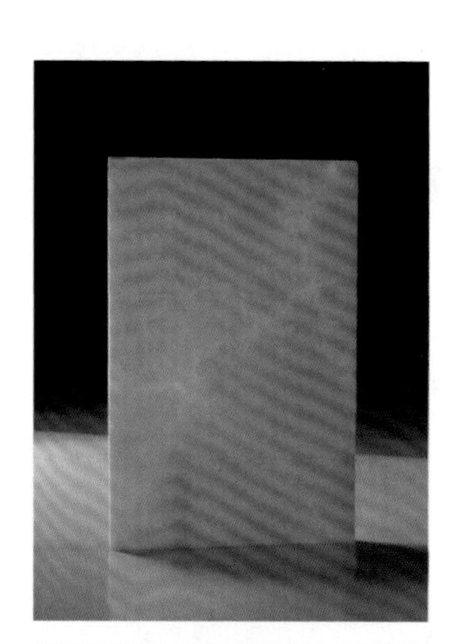

图3-24

1. 人造透光云石的特点

人造透光云石具有质轻、硬度高、耐油耐脏耐腐蚀等特点，且板材厚薄均匀，光泽度好，透光效果明显，不变形，防火抗老化，无辐射、抗渗透等，可根据客户的需求随意弯曲，无缝粘接，能真正达到浑然天成的效果。

2. 人造透光云石的应用

人造透光云石适用于透光吊顶、透光背景墙、异型灯饰、灯柱、地面透光立柱、透光吧台、透光艺术品摆放及各种造型别致的台面、摆件等（图 3–25 ～图 3–28）。

图3-25

图3-26

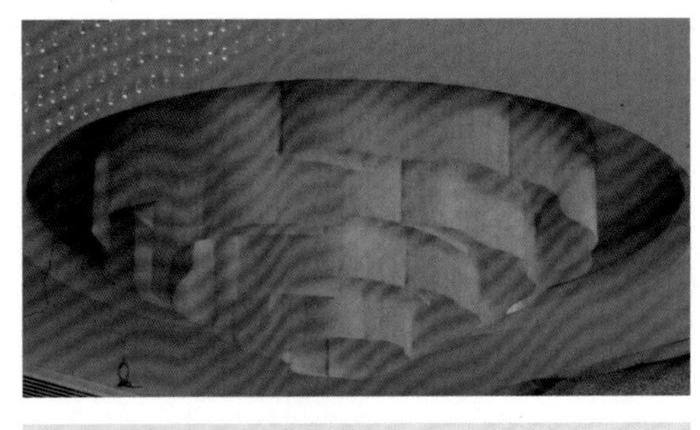

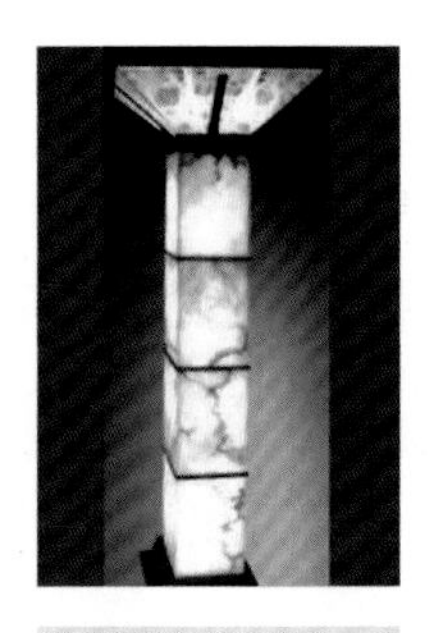

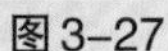

图3-27　　图3-28

七、岩板

岩板的英文名为 Sintered Stone，译为高密质烧结石材，主要组成物质是源于花岗岩矿物质的石英和长石，源于玻璃和石英的矿物质及提供色彩的天然氧化物。岩板成型过程是先将天然矿物质原材料进行高压压合，再经过 NDD 喷墨技术，生成各类臻致优雅的纹理效果，最后在严格控温的全自动窑炉中以 1 280 ℃高温烧结而成。

岩板与传统瓷砖相比，无论是生成工艺还是原材质都有质的区别。岩板属于面材新品类，足够优秀的岩板，其价格也是偏贵的，目前的市场价格为 1 980 ～ 3 000 元 /m^2。当然，不同的厚度及宽度的岩板，其价格也会有所起伏。

1. 岩板的特点

作为一种新型材料，对比其他传统材料，岩板有以下特点：

（1）防火耐高温：A1 级防火等级，1 280 ℃耐高温，遇明火无色无气味。

（2）耐刮磨：莫氏 6 级硬度，刀锋过后不留痕迹，同时具有优异的耐磨损性能（磨损率低至 93 mm^3 以内）。

（3）抗冲击：厚度为 6 mm 岩板抗冲击力能等同于厚度为 35 mm 花岗岩，2 倍于传统瓷砖强度。

（4）超强耐污：5 级耐污表面处理。

（5）抗紫外线（UV）：超强抗紫外线（UV），风吹日晒无色变。

（6）零吸水零渗透：0.2‰吸水率，任何污渍、水迹都无法渗透。

（7）耐腐蚀，耐盐酸：高浓度酸碱 UHA 级，实验室台面专属产品。

（8）食品级表面，健康安全，NSF 认证食品级表面。

（9）抗菌：具有致密的结构，液体物质不能渗入，因此，也具有抗菌的功能。

（10）防滑：通过国际 DIN51130 防滑检测高至 R11 级防滑。

（11）抗冻：通过国际 ISO10545 抗冻检测，耐 −80 ℃低温。

岩板由于具有超薄的特性，在运输过程中边角容易损坏；应用在地面时，也易因为地面平整度不够而踩踏破碎，因此，对施工工艺要求也比较高，相应的保护措施要做到位。

2. 岩板的规格

岩板的规格有 1 800mm × 900 mm、2 400 mm × 1 200 mm、2 600 mm × 800 mm、2 600 mm × 1 200 mm、760 mm × 2 550 mm、2 700 mm × 1 600 mm、3 200 mm × 1600 mm、3 600 mm × 1 600 mm 等；厚度有 6 mm、9 mm、11 mm、12 mm、15 mm。

3. 岩板的应用

由于岩板具有耐高温、耐刮磨、耐腐蚀、易清洁等特点，故现在岩板已经应用在厨房台面（图 3-29、图 3-30）、卫生间（图 3-31、图 3-32）等高温潮湿的空间。另外，由于岩板表面花色的连续性，也可大面积用作工装项目的背景墙（图 3-33、图 3-34）；耐腐蚀和耐紫外线的特性，使得岩板在户外也有使用（图 3-35）。

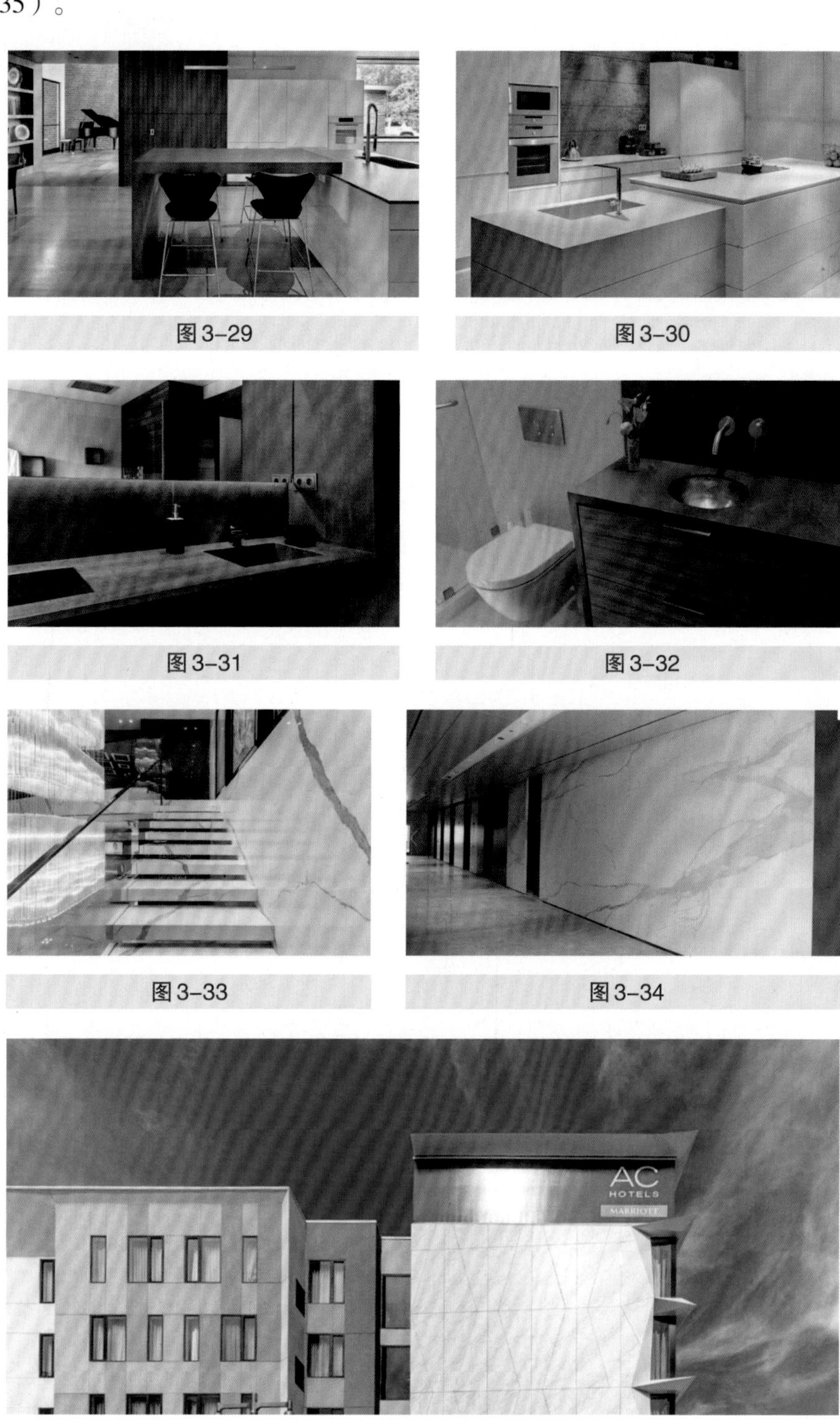

图 3-29

图 3-30

图 3-31

图 3-32

图 3-33

图 3-34

图 3-35

第二节　陶瓷

图 3–36

陶瓷（图 3–36）是陶器和瓷器的总称。陶瓷的传统概念是指所有以黏土等无机非金属矿物为原料生产的人工工业产品，包括由黏土或含有黏土的混合物经混炼、成形、煅烧而制成的各种制品。由最粗糙的土器到最精细的精陶和瓷器都属于它的范围。陶瓷有日用、艺术和建筑陶器等类别。考古发现，中国人早在新石器时代（公元前 8000—公元前 2000 年）就发明了陶器。

按用途的不同，陶瓷可以分为以下几种：

（1）日用陶瓷：餐具、茶具、缸、坛、盆、罐、盘、碟、碗等。

（2）工艺陶瓷：花瓶、雕塑品、园林陶瓷、器皿、陈设品等。

（3）工业陶瓷：指应用于工业的各种陶瓷制品。

1）建筑卫生陶瓷：砖瓦、排水管、面砖、外墙砖、卫生洁具等；

2）化工（化学）陶瓷：用于各种化学工业的耐酸容器、管道、塔、泵、阀及搪瓷反应锅的耐酸砖等。

3）电瓷：用于电力工业高低压输电线路上的绝缘子。

4）特种陶瓷：用于各种现代工业和尖端科学技术的特种陶瓷制品。

一、陶瓷的分类及釉面

1. 陶瓷的分类

陶瓷根据制品的结构特点，可分为陶质、瓷质和炻质三类。

（1）陶质制品。陶质制品通常吸水率比较大，强度较低，且多孔粗糙无光，不透明，敲击声粗哑。根据表面处理的不同，陶质制品可分为无釉制品和施釉制品；根据原料土杂质含量的不同，陶质制品可分为粗陶与精陶两种。粗陶的坯料为含杂质较多的砂黏土，表面不施釉，建筑上常用的烧结普通砖、瓦、陶管等均属此类；精陶多以塑性黏土、高岭土、长石和石英为原料，一般经素烧和釉烧两次烧制完成，坯体呈白色或象牙色，建筑饰面用的釉面砖、各种卫生陶瓷及彩陶制品等都属精陶。

（2）瓷质制品。瓷质制品的结构致密，吸水率极低，色洁白，强度高，耐磨，具有一定半透明性，表面通常施釉。日用餐茶具、陈设瓷、工业用电瓷及美术用品等均属瓷质制品。

（3）炻质制品。炻质制品的特性介于陶质制品与瓷质制品之间，又称半瓷。根据坯体的细密程度不同，又可分为粗炻器和细炻器两大类。建筑装饰用的外墙砖、地砖及耐酸化工陶瓷均属于粗炻器类制品；细炻器类制品有日用器皿、化工及工业用陶瓷等。

2. 釉面

（1）釉的原料：釉是以长石、石英、高岭土等为主要原料，配以其他化工原料作溶剂、乳浊剂及着色剂，研制成浆体喷涂于陶瓷坯体表面，经高温焙烧后，釉料与坯体表面发生相互反应，在坯体表面所形成的透明保护层。

（2）釉的作用：陶瓷坯体表面施加釉料，经烧制后可在坯体表面形成连续的玻璃质层，犹如玻璃表面，平滑富有光泽而透明。其表面不吸水、不透气。陶瓷釉经着色、析晶、乳浊等处理，形成的肌理及色彩增强了制品的艺术效果，还可以掩盖坯体的不良颜色和部分缺陷。

二、瓷砖的种类

1. 外墙砖

用于建筑外墙装饰的陶质或炻质陶瓷面砖称为外墙面砖。外墙面砖的色彩丰富，品种较多，按其表面是否施釉可分为彩釉砖和无釉砖。外墙面砖的表面质感各种各样，通过配料和改变制作工艺，可制成平面、麻面、毛面、磨光面、抛光面、纹点面、仿花岗岩表面、压花浮雕表面、无光釉面、金属光泽面、防滑面、耐磨面等，以及丝网印刷、套花图案、多色等多种制品（图 3–37）。

2. 劈开砖

劈开砖又称为劈离砖、劈裂砖，是将一定配合比的原料，经粉碎、炼泥、真空挤压成形、干燥、高温煅烧而成。由于成形时为双砖背连坯体，烧成后再劈裂成两块砖，故称劈开砖。劈开砖强度高、吸水率低、抗冻性强、防潮防腐、耐磨耐压、耐酸碱、防滑；色彩丰富，或清秀细腻，或浑厚粗犷；表面施釉者光泽晶莹，富丽堂皇；表面无釉者质朴典雅、大方，无反射眩光（图 3–38）。

3. 通体砖

通体砖的表面不上釉，而且正面和反面的材质与色泽一致，因此得名。通体砖是一种耐磨砖，虽然现在还有渗花通体砖等品种，但相对来说，其花色比不上釉面砖。因为目前室内设计越来越倾向于素色设计，所以使用通体砖也越来越成为一种时尚，被广泛使用于厅堂、过道和室外走道等地面装修，一般较少使用于墙面，而多数的防滑砖都属于通体砖（图 3–39）。

图 3–37

图 3–38

图 3–39

4. 釉面砖

釉面砖又称内墙砖，顾名思义就是表面用釉料烧制而成的。釉面砖的主体可分为陶土和瓷土两种。陶土烧制出来的背面为红色；瓷土烧制出来的背面为灰白色。釉面砖表面可以做各种图案和花纹，比抛光砖的色彩和图案丰富。因为釉面砖的表面是釉料，所以耐磨性不如抛光砖。釉面砖是装饰工程中使用最常见的砖种，由于色彩图案丰富，而且防污能力强，因此被广泛使用于卫生间、厨房及各种室内空间的墙面和地面装修（图 3–40）。

5. 抛光砖

抛光砖是用黏土和石材的粉末经压机压制后烧制而成的。其正面和反面色泽一致，不上釉料，烧好后表面再经过抛光处理，使得正面变得光滑、漂亮，背面是砖的本来面目。抛光砖质地坚硬耐磨。但是由于其表面有开口气孔，容易被污染物所污染（图 3–41）。

6. 玻化砖

为了解决抛光砖易脏问题，出现了一种称为玻化砖的品种。玻化砖其实就是全瓷砖（图 3–42），其表面光洁无须抛光，所以，不存在抛光气孔的问题。玻化砖是坯料在 1 200 ℃以上的高温下，使砖中的熔融成分呈玻璃态，具有玻璃般亮丽质感的一种高级砖，也称为瓷质玻化砖。其质地比抛光砖更硬更耐磨。大规格的玻化砖已经发展成为居室装饰的主流，广泛应用于客厅、门厅等空间。

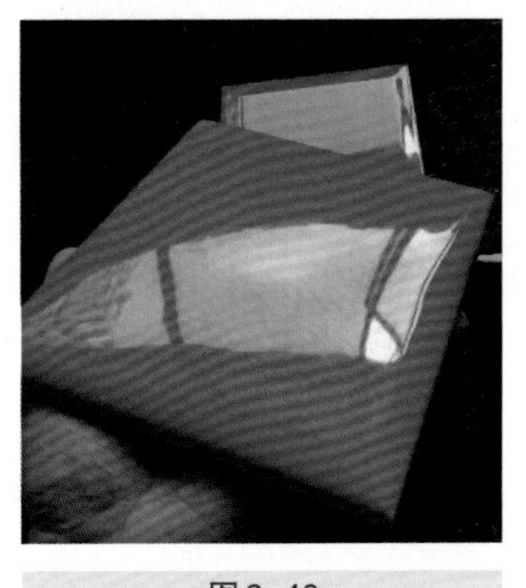

图 3–40

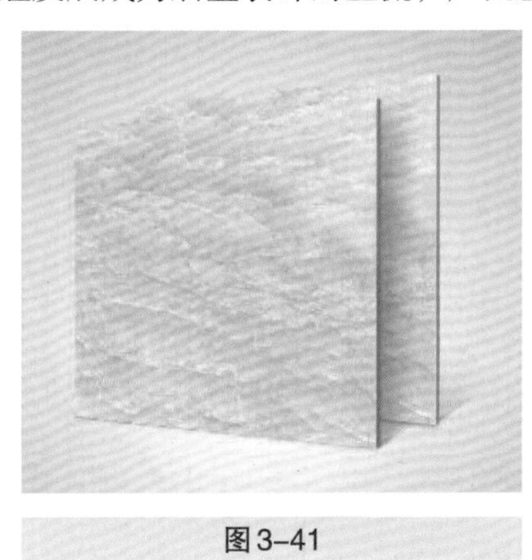

图 3–41

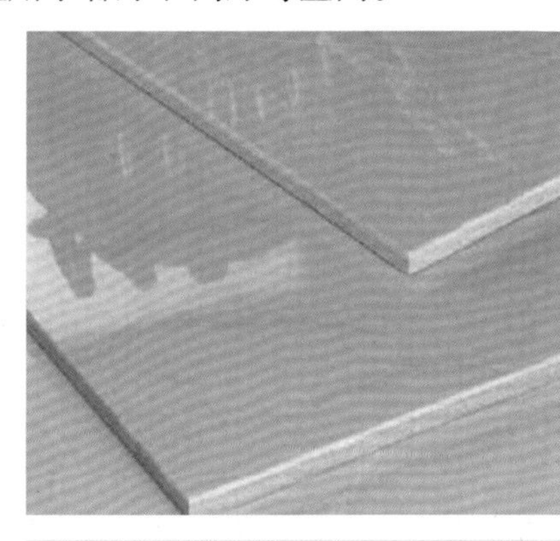

图 3–42

7. 仿古砖

在装饰日益崇尚自然的风格中，古朴典雅的仿古砖日益受到人们的喜爱。仿古砖通常是指有釉装饰砖（图 3–43），其坯体可以是瓷质的，也有炻瓷、细炻和炻质的；釉以亚光为主。仿古砖多为黄色、咖啡色、暗红色、土色、灰色、灰黑色等色调，表面不像其他砖光滑平整，视觉效果有凹凸不平感，有很好的防滑性。仿古砖蕴藏的文化、历史内涵和丰富的装饰手法使其成为欧美市场的主流产品，在国内也得到了迅速发展。仿古砖的应用范围广并有墙地一体化的发展趋势，其创新设计和创新技术赋予了仿古砖更高的市场价值和生命。

图 3–43

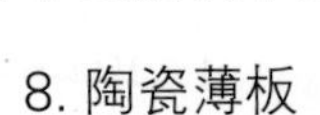

8. 陶瓷薄板

陶瓷薄板（简称薄瓷板），是一种由高岭土、黏土和其他无机非金属材料，经压机干压成形后，经 1 200 ℃高温煅烧等生产工艺制成的板状陶瓷制品，其主要特征就是比普通瓷砖产品更轻薄，厚度不超过 6 mm（图 3–44）。陶瓷薄板的常规尺寸为 600 mm × 1 200 mm，厚度为 5.5 mm。我国的陶瓷薄板的厚度可以做到 4.8mm 左右，板幅尺寸也

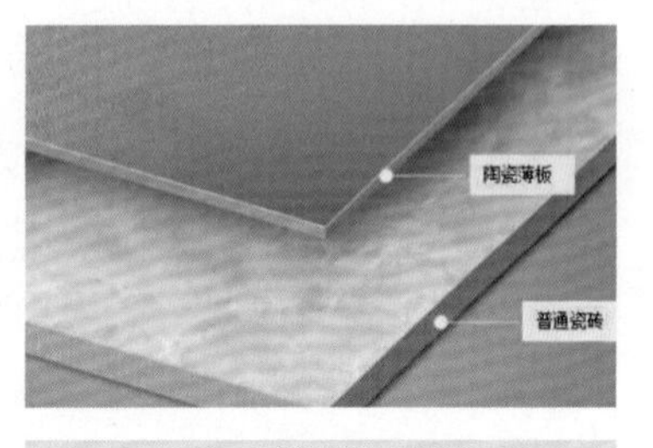

图 3–44

更大，高度可达 3.6 m，当然，规格越大，价格越高，国外的部分大规格薄板达每平方米上千元或更高。

相比传统装饰材料，陶瓷薄板规格大，对切割和加工的质量要求更高，要借助更专业的加工工具和服务才能实现陶瓷薄板的加工和应用。

陶瓷薄板墙面湿挂铺贴施工工艺流程：基层处理→弹线分格→材料制备→薄板粘贴面清理→胶粘剂施工→薄板背涂→薄板铺贴→表面清洁及保护。

陶瓷薄板墙面挂贴(外墙面 2 m 以上)施工工艺流程: 薄板背贴挂件预固定→基层处理→弹线分格→材料制备→薄板粘贴面清理→胶粘剂施工→薄板背涂→薄板铺贴→平整度调整→固定件与墙的固定→表面清洁及保护。

三、瓷砖的铺贴工艺

1. 墙面砖的铺贴

（1）墙面砖铺贴前应进行挑选，并应浸水 2 h 以上，晾干表面水分。

（2）墙面砖铺贴前应进行放线定位和排砖，非整砖应排放在次要部位或阴角处。每面墙不宜有两列非整砖，非整砖宽度不宜小于整砖的 1/3。

（3）铺贴前应确定水平及竖向标志，垫好底尺并挂线铺贴。墙面砖表面应平整，接缝应平直，缝宽应均匀一致。阴角砖应压向正角，阳角线宜做成 45° 对接，在墙面凸出物处，应整砖套割吻合，不得用非整砖拼凑铺贴。

（4）结合砂浆宜采用 1 ∶ 2 水泥砂浆，砂浆厚度宜为 6 ～ 10 mm。水泥砂浆应满铺在墙面砖背面，一面墙不宜一次铺贴到顶，以防塌落（图 3–45 ～图 3–48）。

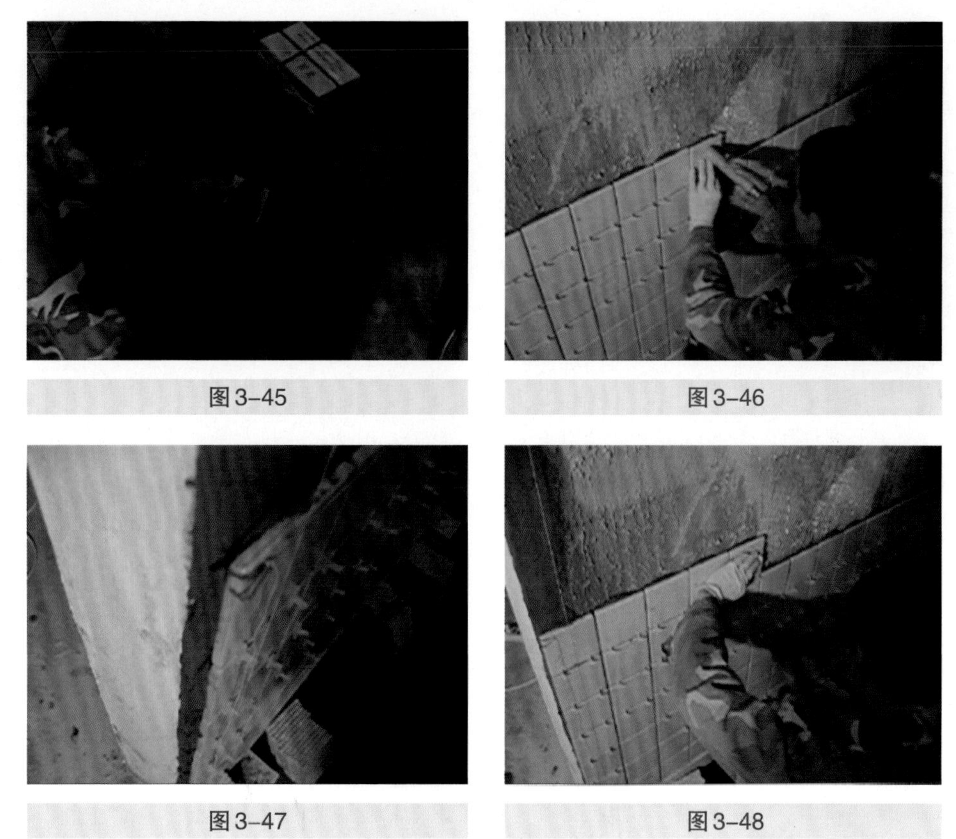

图 3–45　图 3–46

图 3–47　图 3–48

2. 地面砖的铺贴

（1）地面砖铺贴前应浸水湿润。

（2）铺贴前应根据设计要求确定结合层砂浆厚度，拉十字线控制其厚度和地面砖表面平整度。

（3）结合层砂浆宜采用 1 ：3 的干硬性水泥砂浆，厚度宜高出实铺厚度 2 ～ 3 mm。铺贴前应将基底湿润，并在基底上刷一道素水泥浆或界面结合剂，随刷随铺设搅拌均匀的干硬性水泥砂浆。

（4）地面砖铺贴时应保持水平就位，用橡皮锤轻击使其与砂浆黏结紧密，同时，调整其表面平整度及缝宽。

（5）铺贴后应及时清理表面，24 h 后用 1 ：1 水泥浆灌缝，选择与地面颜色一致的颜料与白水泥拌和均匀后嵌缝（图 3-49 ～图 3-52）。

图 3-49　图 3-50

图 3-51　图 3-52

四、瓷砖的应用

（1）瓷砖有较好的强度和耐腐蚀性，且防火、防水，因此，瓷砖应用在外墙的一种常见材料（图 3-53、图 3-54）。

图3–53

图3–54

（2）有些品种的瓷砖有着粗犷的质感或凹凸的纹理效果，如劈开砖、通体砖等易于和其他质感的材料搭配使用。

（3）瓷砖花色丰富，且可以仿木纹、仿石材或制作成仿古面，因此，瓷砖是家居、店面、餐饮等空间最常用的装饰材料之一（图 3–55、图 3–56）。

（4）瓷砖易于切割、拼接。因此，瓷砖可以在地面或墙面制作成拼花的效果（图 3–57）。

（5）瓷砖的拼接有多种方式，常见的有正拼、斜拼、错拼等。几种铺贴方法可交替使用，即可以创造不同的视觉效果也可以在需要时进行空间分割（图 3–58）。

图3–55

图3–56

图3–57

图3–58

本章小结

本章主要介绍了各类人造石材及陶瓷产品的种类及特性。在装饰装修工程中，设计人员应根据不同的空间类型及功能要求选择合适的人造石材及陶瓷产品，因此需要掌握不同人造石材和陶瓷的种类及名称（如微晶石、通体砖等），并简单了解其区别和特点。另外，由于人造石材和陶瓷在施工安装过程中基本上都需要排缝，因而对其拼接方式也需要进行深入的了解。

课后实训

1. 请写出5种不同类型的瓷砖名称。
2. 请写出瓷砖拼接的几种方式。
3. 请写出下列设计中，可采用什么材料来实现。

台面材料：（　　　　）

台面材料：（　　　　）

服务台材料：（　　　　）

洗手台盆材料：（　　　　）

外墙材料：（　　　　）

墙地面材料：（　　　　）

厨房中岛台面材料：（　　　　）

地面材料：（　　　　）

第四章 木 材

Chapter 4

知识目标

1. 了解木材的分类及其特点。
2. 了解常用的木材的名称及特点。

技能目标

1. 掌握木饰面的安装工艺，并能绘制出相应的节点图。
2. 掌握木地板的安装工艺，并能绘制出相应的节点图。

木材（图 4–1）泛指用于工业与民用建筑的木制材料，是人类最早使用的建筑和装饰材料。天然木材有较好的隔热、隔声及绝缘性能（注意：潮湿木材依然导电）。木材因其拥有自然美丽的纹理与柔和温暖的视觉及触觉特性被广泛用于室内外装饰、家具和手工艺品制作。天然木材在世界各地均有生长，属于可再生资源，但由于其价值较高导致被过度砍伐，部分树种已接近灭绝（如檀木）。

图 4–1

由于树种的产地气候不同，所以木材的含水率、软硬度也各有差异，通常被分为软材和硬材。

第一节 天然木材

一、木材的基本性质

木材属于天然的有机高分子材料，其质量轻、强度高、弹性和韧性好，有美丽的天然纹理及色泽，易于着色和油漆。木材具有较好的绝缘性和隔声隔热性能，而且易于加工。

二、木材的分类

木材按树种进行分类，一般可分为针叶树材和阔叶树材两大类。

1. 针叶树

针叶树（图 4–2），叶细长如针，多为常绿树，树干通直而高大，易成大材。针叶树材质均匀，纹理平顺，木质软而易于加工，变形小，所以又称为软木材。此树材是主要的建筑用材，广泛用于各种承重构件、装饰和装修部件。常用的树种有松木、杉木、柏木等。

2. 阔叶树

阔叶树（图 4–3），叶宽大，多为落叶树，树干通直部分一般较短。树质密，木质较硬，较难加工，易翘裂，所以又称为硬木材。其中，一些树种具有美丽的纹理，适用于室内装饰、家具制作等。常用的树种有水曲柳、柚木、山毛榉、樟木等。也有少数质地稍软的，如桦木、椴木等。

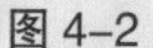

图 4–2

图 4–3

三、部分木材特点及图片

（1）红松：材质轻软，强度适中，干燥性好，耐水、耐腐，加工、涂饰、着色、胶合性好。

（2）白松：材质轻软，富有弹性，结构细致均匀，干燥性好，耐水、耐腐，加工、涂饰、着色、胶合性好。

（3）桦木：材质略重硬，结构细，强度大，加工性、涂饰、胶合性好。

（4）椴木：材质略轻软，结构略细，有丝绢光泽，不易开裂，加工、涂饰、着色、胶合性好，不耐腐，干燥时稍有翘曲。

（5）榆木：花纹美丽，结构粗，加工性、涂饰、胶合性好，干燥性差，易开裂翘曲。

（6）榉木：材质坚硬，纹理直，结构细，耐磨有光泽，干燥时不易变形，加工、涂饰、胶合性较好。

（7）樟木：质量适中，结构细，有香气，干燥时不易变形，加工、涂饰、胶合性较好。

（8）水曲柳：材质略重硬，花纹美丽，结构粗，易加工，韧性大，涂饰、胶合性好，干燥性一般。
（9）枫木：质量适中，结构细，加工容易，切削面光滑，涂饰、胶合性较好，干燥时有翘曲现象。
（10）花梨木：材质坚硬，纹理余，结构中等，耐腐，不易干燥，切削面光滑，涂饰、胶合性较好。
部分木材图片如下。

黑胡桃　柚木　花梨木

红胡桃　红榉　红木

白胡桃　桦木　鸡翅木

红影木（斜拼）　球纹桃花芯　松木

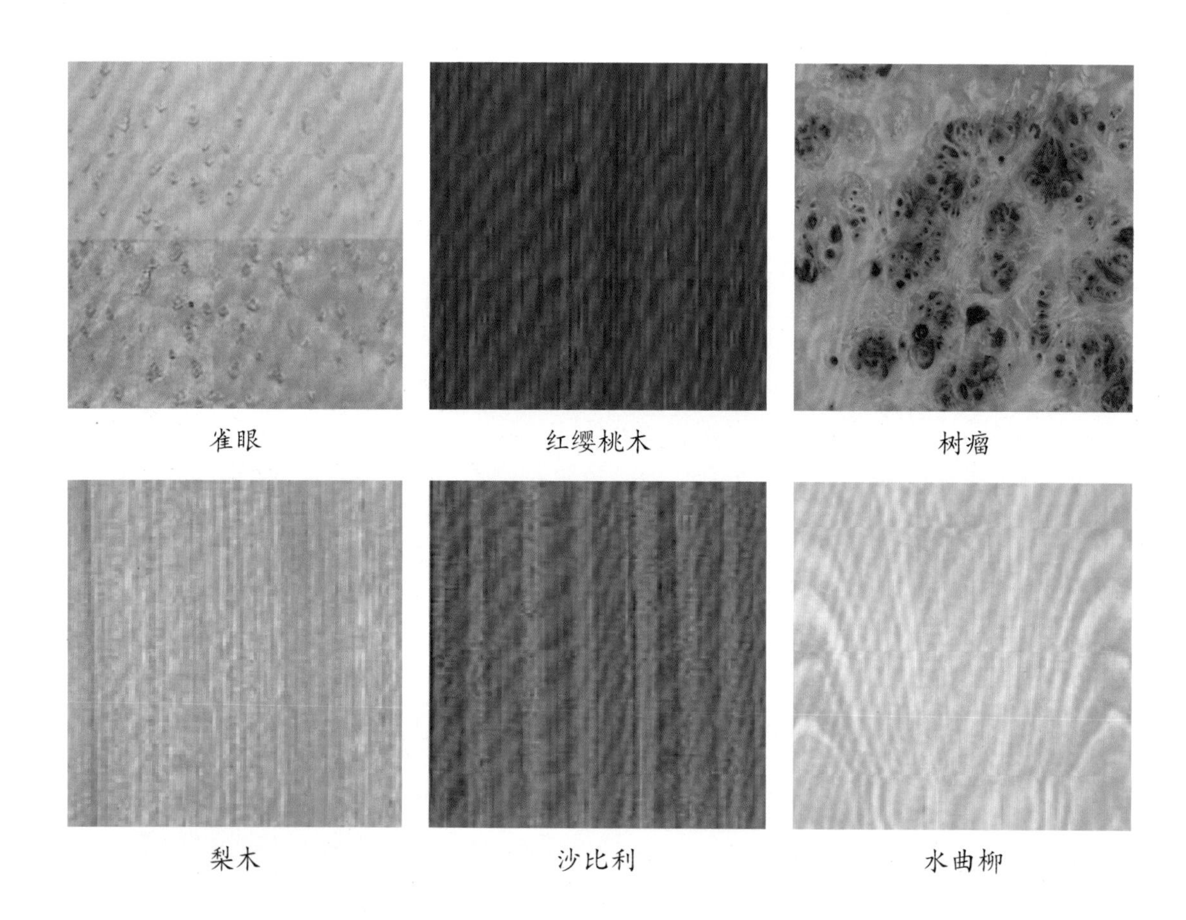
雀眼　红缨桃木　树瘤
梨木　沙比利　水曲柳

四、木材的处理

木材的处理可分为木材自身的处理及木材表面加工成形后的再处理两类。

1. 木材自身的处理

（1）木材的干燥处理。木材在生长过程中，不断吸收水分而生长，砍伐的成材树木的水分含量较大，如直接使用此木材施工，会由于干缩而产生开裂、翘曲等变形，而且易被虫蛀或腐烂。因此，原木经改制成板、方材后，必须经干燥处理，将含水率降至允许范围内再加工使用。木材的干燥处理可采用天然干燥法和人工干燥法。

（2）木材的防腐处理。木材易受真菌或昆虫的侵害而腐蚀变质。无论是真菌还是昆虫，其生存繁殖都需要适宜的条件，如水分、空气、温度、养料等。因此，将木材置于通风、干燥处或浸没在水中或深埋于地下或表面涂油漆等方法，都可以作为木材的防腐措施。另外，还可采用化学有毒药剂，经喷淋、浸泡或注入木材，从而抑制或杀死菌类、虫类，达到防腐目的。

（3）木材的防火处理。

1）表面涂敷法：在木材的表面涂敷防火涂料，能够起到防火、防腐和装饰的作用。

2）溶液浸注法：先将木材进行干燥处理并经初步加工成型，然后将木材浸注在防火溶液中处理（分为常压和加压两种情况）。

2. 木材表面的处理

天然木材在加工成形后一般还需要对其表面进行再加工，再加工的方法有多种，一般大多采用油漆工艺。另外，还有喷烧、仿古等处理方法。

木材的纹理是天生的，但颜色却可以在一定范围内加以改变，如搓色处理等。

（1）油漆处理：从表面效果看，可分为清漆和混油两种。由于木材有天然的美丽纹理，所以，木材表面一般使用清漆工艺进行处理。清漆的表面效果又可以分为高光漆、亚光漆和半亚光漆；混油一般涂刷在密度板的表面上。

1）聚氨酯漆即聚氨基甲酸漆。其漆膜强韧，光泽丰满，附着力强，耐水、耐磨、耐腐蚀，被广泛用于高级木器家具，也可用于金属表面。其缺点主要有遇潮起泡、漆膜粉化变黄等问题。聚氨酯漆的清漆品种称为聚氨酯漆清漆。

2）硝基清漆又称喷漆、蜡克、硝基纤维素漆。其是以硝化棉为主要成膜物质，再添加合成树脂增韧剂、溶剂和稀释剂而制成。在硝基清漆中加入着色颜料和体质颜料后，就能制得硝基磁漆、底漆和腻子。

硝基清漆属挥发性油漆，它的涂膜干燥速度较快，但涂膜的底层完全干透所需的时间较长，硝基清漆在干燥时产生大量的有毒溶剂，施工现场应有良好的通风条件。硝基清漆的漆膜具有可塑性，即使完全干燥的漆膜仍然可以被原溶液所溶解，所以，硝基清漆的漆膜修复非常方便，修复后的漆膜表面能与原漆膜完全一致。硝基清漆的固含量较低，油漆施工时的刷涂次数和时间较长，因此，漆膜表面平滑细腻、光泽度较高，可用于木制品表面做中、高档的饰面装饰。

3）亚光漆是一种能够消除漆膜中原有光泽的油漆品种。这种油漆以硝基清漆为主，加入适量的消光剂和辅助材料调和而成的。根据在油漆中掺加的消光剂的用量不同，亚光漆可分为半亚光漆和全亚光漆。

（2）仿古处理：木材表面可用毛刷、钢丝等刷出深浅不一的痕迹，再用各种着色剂、仿古漆，将木材表面处理成古色古香的感觉（图 4–4、图 4–5）。

图 4-4

图 4-5

（3）喷烧处理：木材安装完毕后，用火焰烧烤木材表面，由于烧烤后木材会变黑，因而产生自然而粗矿的纹理效果，此方法也是制作仿古处理方法的一种。

五、木材的应用

天然木纹饰面是高档的装饰材料之一。高档的木纹饰面不仅是档次与豪华的象征，而且木材给人以柔和温暖的感觉，因此，木饰面经常被应用在酒店公共区、客房、餐厅、会所、各种包间、别墅的空间（图 4-6、图 4-7）。

有些天然木纹有特殊的纹理，如斑马木、鸡翅木、木材的树榴和雀眼等。因此，这些木纹常作为吧台、电视背景墙等亮点部位的装饰材料（图 4-8、图 4-9）。

图 4-6

图 4-7

图 4-8

图 4-9

松木（桑拿板主要原料之一）具有松香味、淡黄色、疖疤多，给人以“原始木”的感觉。处理后的松木常在桑拿房及一些餐饮、店铺中使用（图 4–10、图 4–11）。

天然木材是制作家具、门、门窗套、手工艺品的主要材料（图 4–12 ～图 4–16）。

木材易于加工，不仅可以做成工艺品，在室内装修中可以制作成木线、踢脚线；木饰面也可以做成弧形（图 4–17、图 4–18）。

图 4–10

图 4–11

图 4–12

图 4–13

图 4–14

图 4–15

图 4–16

第四章

图4-17

图4-18

第二节　其他木材制品

一、木皮和木饰面板

1. 木皮的基本性质

在室内设计中，木材更多的是被加工成为木皮粘贴在基层板上作为木饰面板来使用。木皮分为天然木皮和人造木皮两大类。天然木皮具有天然的色泽和纹理，特殊而没有规律（图4-19）；人造木皮也被称为科技木、科定木，是利用速生木仿造成各种天然木皮，包括纹理和颜色，是木皮界的“克隆技术”。所以，商家用科技木皮仿造一些频临灭绝或受管制的名贵木材的纹理和颜色，以满足人们对稀有名贵木材的喜爱和需求（图4-20）。常见的木饰面有胡桃木、水曲柳、樱桃木、枫木和柚木等。木饰面一般在工厂加工，经过选木皮→裁木皮→拼木皮→涂胶、贴面→热压→修补→油漆等工序，完工后再到现场组装。在当下森林资源日益紧张的背景下，木皮的应用大大解放了木材的材料应用限制。

图4-19

图4-20

2. 科技木的基本性质

科技木不是实木，而是人工合成的复合类产品，是以普通木材(速生材)为原料，利用仿生学原理，通过对普通木材、速生材进行各种改性物化处理生产的一种性能更加优越的、全木质的新型装饰材料。与天然木材相比，科技木几乎不弯曲、不开裂、不扭曲。其密度可人为控制，产品稳定性能良好。在加工过程中，科技木不存在天然木材加工时的浪费和价值损失，可将木材综合利用率提高到86%以上。

科技木是天然木材的“升级版”，其“源于自然、胜于自然”，可广泛用于家具、装饰、地板、贴面板、门窗、体育用材、木艺雕刻、工艺品等领域。其中，销量最大的产品是作为装饰用材的科技木装饰单板，以其无可阻挡的魅力受到越来越多的家具、装饰、音箱、门窗等领域生产商的青睐，这些厂家已将科技木装饰单板作为其主要原料，替代天然木材(图4–21～图4–26)；其次，色彩艳丽的科技木在木线、工艺品、眼镜框架和特色木鞋、体育用品生产等领域也得到很好地应用。

图4–21

图4–22

图4–23

图4–24

图4–25

图4–26

3. 木饰面板的安装

木饰面板的安装有两种方法。一种是胶粘安装，施工流程为放线→固定龙骨→固定基层板材→安装饰面板；另一种是挂件式安装方法。

（1）放线：根据设计图及定位轴线在墙上弹出龙骨的分档、分格线。竖向龙骨的间距应与胶合板等块材的宽度相适应（未切割成品板为 1 220 mm × 2 440 mm），板缝应在竖向龙骨上，饰面的端部必须设置龙骨。

（2）固定龙骨：其结构通常使用轻钢龙骨或木龙骨（即木方），按放好的控制线固定龙骨 [轻钢龙骨（图 4–27）用连接件铆钉固定；木龙骨（图 4–28）用气钉连接固定]。

（3）固定基层板材：基层板是指大芯板、阻燃板等胶合板材，基层板用自攻螺钉与龙骨连接固定（图 4–29）。

图 4–27

图 4–28

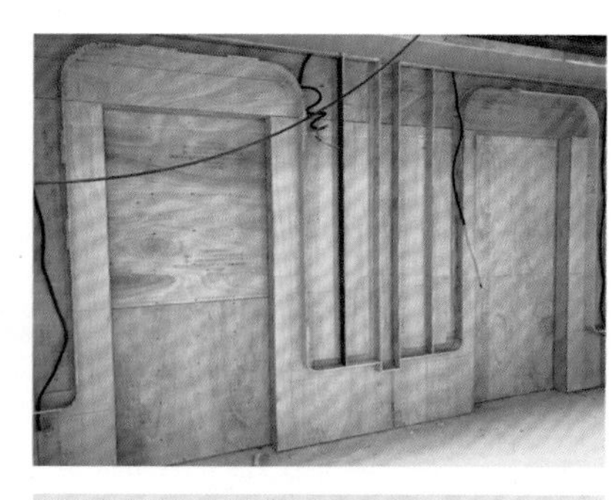

图 4–29

（4）安装饰面板：胶将饰面板粘在基层板材上。

木饰面板挂件式安装图如图 4–30、图 4–31 所示。

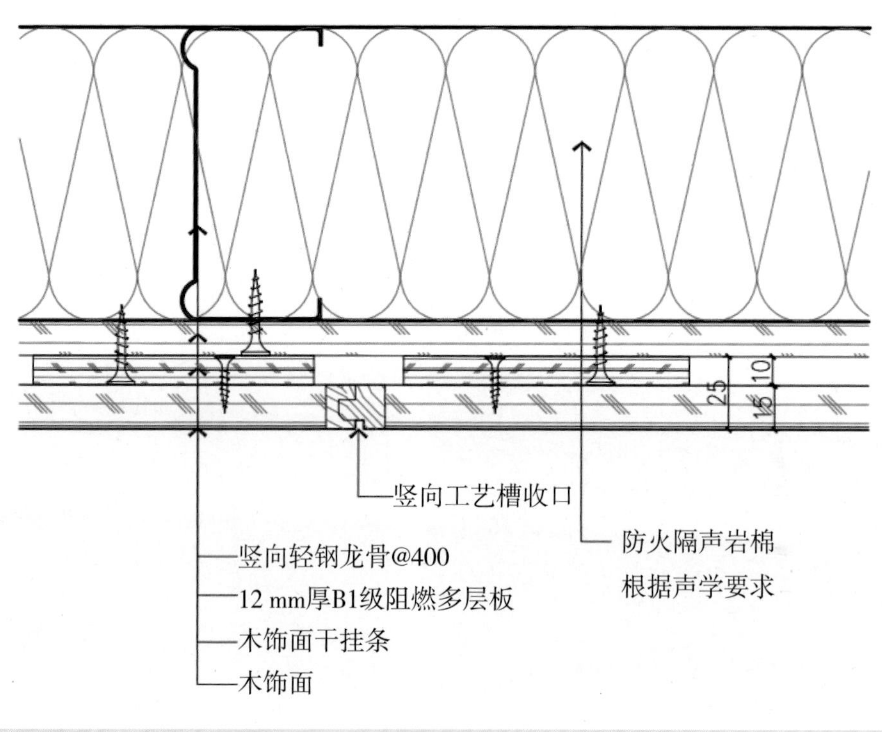

图 4–30

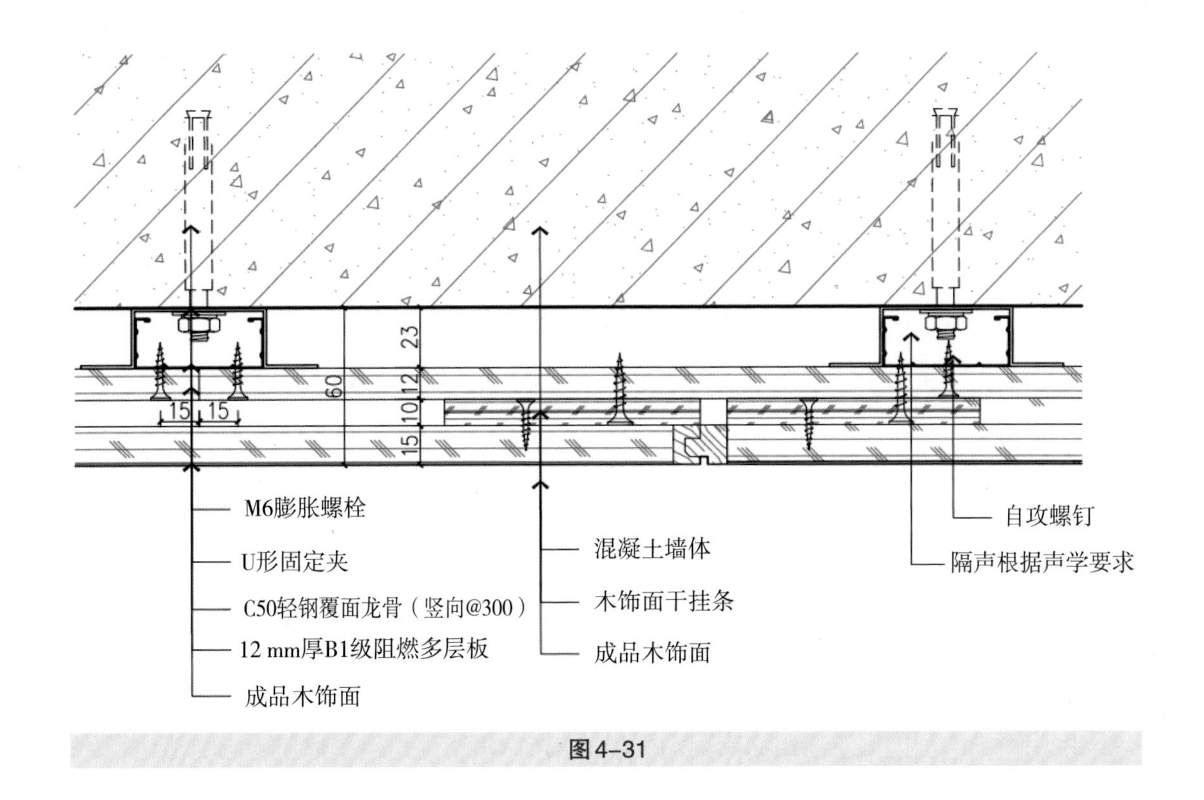

图 4–31

二、生态木

1. 生态木的基本性质

图 4–32

生态木 (Greener Wood)（图 4–32）是用木质纤维、树脂及少量高分子材料挤压而成的。其物理表观性能具有实木的特性，但同时具有防水、防蛀、防腐、保温隔热等特点，由于添加了光与热稳定剂、抗紫外线和低温耐冲击等改性剂，使产品具有很强的耐候性、耐老化性和抗紫外线性能，可长期使用在室内、室外、干燥、潮湿等恶劣环境中，不会产生变质、发霉、开裂、脆化。由于生态木采用挤压工艺制造而成，所以，可以根据需要对产品的色彩、尺寸、形状进行控制，真正实现按需定制，最大程度降低使用成本，节约森林资源。而且，由于木质纤维和树脂都可回收重复利用，是真正可持续发展的新兴产业。优质生态木材料能够有效地除去天然木材的自然缺陷，具有防水、防火、防腐、防白蚁的功能。

同时，由于生态木的主要成分是木、碎木和渣木，质感与实木一样，能够钉、钻、磨、锯、刨、漆，不易变形、龟裂。独特的生产过程和技术能够使原料的损耗量降低为零。生态木材料和制品受到推崇的是其具有突出的环保功能，可以循环利用，几乎不含对人体有害的物质和毒气挥发，经有关部门检测，其甲醛的释放只有 0.3 mg/L，大大低于国家标准的需求（国家标准为 1.5 mg/L），是一种真正意义上的绿色合成材料。

2. 生态木的优势

（1）真实性。生态木产品外观自然美观、优雅、别致，具有实木的木质感与自然纹理，有回归大自然的朴实感觉，可通过不同的设计形态，设计出体现现代建筑美感和材料设计美学的独特效果。

（2）安全性。生态木具有可以“长期在水中使用”、高强度和耐水性，抗冲击性强、不开裂等特性。

（3）范围广。生态木产品适用于居室、酒店、娱乐场所、洗浴场、办公室、厨房、洗手间、学校、医院、运动场、商场、试验室等任何环境。

（4）稳定性。生态木室内外产品具有抗老化、防水、防潮、防霉、防腐、防虫蛀、防白蚁、有效阻燃、耐候性、抗老化性和保温隔热节能性等特点，可长期使用于气候形态变化大的户外环境中而不变质、不脆化、性能不衰。

（5）独特性。用木纤维同聚酯混合加温融合注塑而成的材料，不使用含有苯、甲醛、氰等有害物质的材料，免除了装修污染，无须维修与养护、无污染、无公害，并且具有吸声节能的特点。

（6）环保性。生态木材、生态木板等能抗紫外线，无辐射，抗菌，不含甲醛、氨、苯等有害物质，符合国家环保标准，装修后无毒无异味污染，是真正的绿色环保产品。

（7）循环性。生态木具有可循环再生使用的特点。

（8）舒适性。绝缘、抗油污、抗静电。

（9）便利性。可裁、可锯、可刨、可钉、可漆、可粘结。生态木产品具有优秀的工业设计，大多采用插口、卡口和榫接的安装方式，因此，安装省事省时，速度较快。

（10）多样性。地板系列既适用于普通铺设，也适用于地暖铺设。

3. 生态木的应用

生态木的优异性能在家庭装饰及户外装饰中发挥着越来越大的作用，下面列举几个比较常见的应用：

（1）家装：由于生态木无有毒化学成分，绿色环保易被人接受，加之生态木接近原木，更让现代家庭能够享受到更多贴近自然的气息（图 4–33、图 4–34）。

图 4–33

图 4–34

（2）工装：生态木易于加工，安装简单，大多采用插口、卡口和榫接的安装方式，省事省时，被大量应用于很多工装项目中（图 4–35）。

图 4–35

（3）户外：在公园广场到处都能够见到生态木的身影，更加自然的造型，更加清新的感觉，让生态木在户外的应用中越来越受到欢迎（图 4–36、图 4–37）。

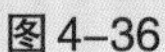
图 4–36

图 4–37

三、木地板

木地板是现代家居生活中最常用的一种地面装饰材料，因其具有木材的天然纹理及温暖柔和的视觉、触觉特性而深受人们喜爱。

（一）木地板的分类

木地板一般可分为实木地板、实木复合地板、强化木地板、竹木地板及软木地板等类别。

1. 实木地板

实木地板（图 4–38）是天然木材经烘干、加工后形成的地面装饰材料。其呈现出的天然原木纹理和色彩图案，给人以自然、柔和、富有亲和力的质感，同时，由于它具有冬暖夏凉、触感好的特性，因为成为卧室、客厅、书房等地面装修的理想材料。竹木地板冬暖夏凉的特性更为突出。

图 4–38

（1）实木地板的优点。

1）隔声隔热：实木地板材质较硬，木纤维结构致密，导热系数低，阻隔声音和隔热的效果优于水泥、瓷砖和钢铁。

2）调节湿度：实木地板的木材特性是，气候干燥，木材内部水分释出；气候潮湿，木材会吸收空气中水分。木地板通过吸收和释放水分，可将居室空气湿度调节到人体最为舒适的水平。

3）冬暖夏凉：冬季，人在木地板上行走无寒冷感；夏季，实木地板的居室温度要比瓷砖铺设的房间温度低 2 ℃～ 3 ℃。

4）绿色无害：实木地板用材取自原始森林，使用无挥发性的耐磨油漆涂装，从材种到漆面均绿色无害。

5）华丽高贵：实木地板取自高档硬木材料，板面木纹秀丽，装饰典雅高贵，是中高端收入家庭的首选地材。

6）经久耐用。

（2）实木地板的缺点。

1）难保养：实木地板对铺装的要求较高，一旦铺装得不好，会造成一系列问题。实木地板铺装后还要经常打蜡、上油。

2）价格高：实木地板一直都保持在较高价位。

3）稳定性差：如果室内环境过于潮湿或干燥，实木地板容易起拱、翘曲或变形。

4）性价比低：实木地板的市场竞争力不如其他几类木地板，特别是在稳定性与耐磨性上与多层复合地板的差距较大。

5）以假乱真：对于一般消费者而言，是无法辨认木材真伪的。经过加工的地板对消费者来说更无法鉴别木种，故一些不法商家为了牟取暴利，就用一些价格较便宜的木种冒充名贵木种，如用灰木莲冒充柚木等。

（3）实木地板的规格。实木地板宜短不宜长，宜窄不宜宽，尺寸越小，抗变形能力越强。常见规格有 500 ～ 600 mm × 60 ～ 75 mm × 16/18 mm、800 ～ 900 mm × 120 mm 左右 × 18 ～ 20 mm 等。

2. 实木复合地板

实木复合地板（图 4–39）由木材切割成薄片，几层或多层纵横交错，组合黏结而成。基层经过防霉、防虫处理，其上加贴多种厚度为 1 ～ 5 mm 不等的木材单皮，再经淋漆等工艺处理而成。由于实木复合地板表面漆膜光泽美观，又具有耐磨、耐热、耐冲击、阻燃、防霉、防蛀等优点，铺设在房间里不但使居室显得更协调，而且其价格比同类实木地板要低，因而，越来越受到消费者欢迎。

图 4–39

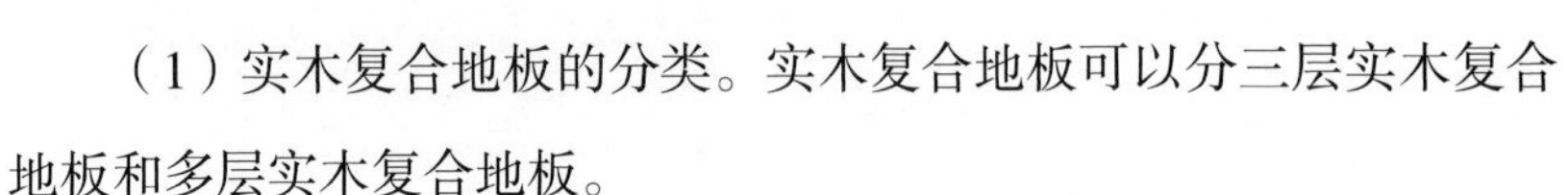

（1）实木复合地板的分类。实木复合地板可以分三层实木复合地板和多层实木复合地板。

1）三层实木复合地板。三层实木复合地板是由三层实木单板交错层压而成的。其表层为优质阔叶材规格板条镶拼板或整幅木板，芯层由普通软杂规格木板条组成，底层为旋切单板；三层结构用胶层压而成。例如，圣象三层实木复合地板所推出的实木层、实木龙骨层和平衡层的新结构，不仅可以免去铺装龙骨的麻烦，也让地板更加稳固。

三层实木复合地板兼具实木地板和复合地板的优点，同时，克服了实木地板易变形、开裂、划伤，复合地板脚感硬、保暖性差、花色不自然等缺点。三层实木复合地板完全不同于复合地板，也不同于传统的多层实木复合地板，代表了目前国际上地板的流行趋势。

2）多层实木复合地板。多层实木复合地板是以多层胶合板为基材，以规格硬木薄片镶拼板或单板为面板，层压而成。多层实木复合地板表层为优质珍贵木材，不但保留了实木地板木纹优美、自然的特性，而且大大节约了优质珍贵木材的资源。表面大多涂以五层以上的优质 UV 涂料，不仅有较理想的硬度、耐磨性、抗刮性，而且阻燃、光滑，便于清洁。芯层大多采用可以轮番砍伐的速生木材，也可以采用廉价的小径材料或各种硬、软杂材等来源较广的材料，而且出材率高，成本则大为降低。其弹性、保暖性等完全不亚于实木地板。多层实木复合地板具有实木地板的各种优点，摒弃了强化复合地板的不足，又节约了大量优质珍贵木材资源。

（2）实木复合地板的特点。

1）优点：实木复合地板基层稳定干燥，不助燃、防虫、防霉、不变形、铺装容易且脚感舒适、耐磨性好。

2）缺点：如胶合质量差会出现脱胶。另外，因为实木复合地板表层较薄（尤其是多层），使用中必须重视维护保养。大部分实木复合地板含有少量甲醛，此类地板甲醛释放量最低为 E1 级（ E1 级甲醛释放量为≤ 1.5 mg/L）。

（3）实木复合地板的规格。实木复合地板的规格有 800 ～ 900 mm × 120 mm × 16 ～ 22 mm。

（4）实木地板及实木复合地板的安装。

1）地面清理卫生，避免浮尘对以后生活产生影响。

2）确定地板铺设方向。一般朝南房间，以南北方向为主，即地板竖向对着阳光照射进来的方向，也就是地板南北向铺设最为常见。

3）打龙骨。龙骨要四面刨光，并作烘干处理；龙骨的水平面要平整，固定要牢固，使用专用的龙骨钉。地面可抛洒一些防虫、防潮的材料，如樟木块（图 4–40）等。

图 4–40

4）铺防潮垫。使用 1.5 mm 厚的防潮垫，能隔离地面的潮气，避免地板在日常使用中因地面潮气而产生变形。

5）地板预铺。通过预铺可以减少色差对铺装效果的影响，避免大花、反差过大的情况发生，对于一些外观有影响的地板，可铺设至床底、柜底等位置。

图 4–41

6）安装地板。安装地板的钉子必须要使用地板专用钉，不可以直接打入地板中，先要使用电钻打眼后用地板钉将木地板固定在龙骨上。

7）注意地板铺设中，要预留适当的缝隙，确保地板后期的膨胀空间，避免起拱问题的出现（图 4–41）。

8）地板铺设后与墙面、过门石等周边区域，需要预留 8 ～ 12 mm 的缝隙，为地板的膨胀预留空间，并通过踢脚线的安装，对缝隙进行遮盖。

9）地板与过门石、地砖等连接处的留缝，需要使用压条或收边条来遮盖留缝。

实木地板安装工艺如图 4–42 所示。

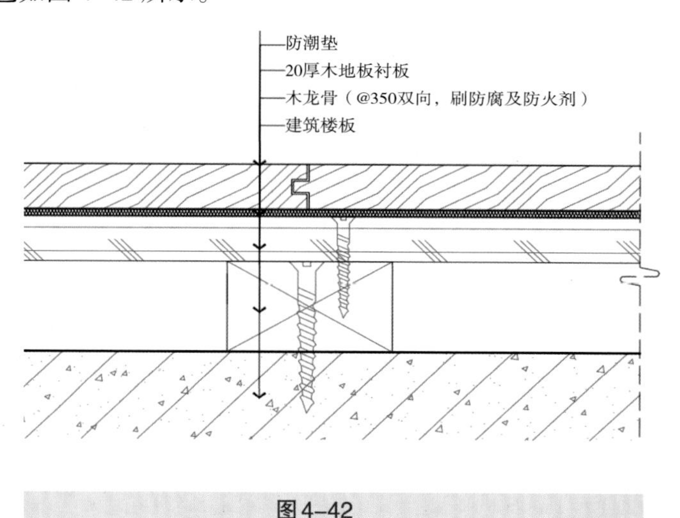

图 4–42

3. 强化木地板

图 4–43

强化木地板（图 4–43）一般是由表面层、装饰层、基材层及平衡层组成。表面层常用高效抗磨的 Al_2O_3（三氧化二铝）作为保护层，具有耐磨、阻燃、防腐、防静电和抗日常化学药品腐蚀的性能。基材层一般是高密度的木质纤维板，确保地板具有一定的刚度、韧性、尺寸稳定性。

（1）强化木地板的结构。

第一层：耐磨层，主要由 Al_2O_3（三氧化二铝）组成，有很强的耐磨性和硬度。一些由三聚氰胺组成的强化复合地板无法满足标准的要求。

第二层：装饰层，是一层经密胺树脂浸渍的纸张，纸上印刷有仿珍贵树种的木纹或其他图案。

第三层：基层，是中密度或高密度的层压板。经高温、高压处理，有一定的防潮、阻燃性能，基本材料是木质纤维。

第四层：平衡层，是一层牛皮纸，有一定的强度和厚度，并浸以树脂，起到防潮、防地板变形的作用。

（2）强化木地板的优点。

1）耐磨：强化木地板表层为耐磨层，它由分布均匀的 Al_2O_3 组成，一般来说，Al_2O_3 分布越密，地板的耐磨性能越高。

2）花色品种较多，花色时尚，可以仿真各种天然或人造花纹。

3）容易护理：在日常使用中，只需用拧干的抹布、拖布或吸尘器进行清洁，如果地板出现油腻、污迹时，用布沾清洁剂擦拭即可。

4）安装简便：强化木地板可直接安装在地面或其他地板表面，无须打地龙。

5）与实木地板相比，强化木地板最表面的耐磨层是经过特殊处理的，能达到很高的硬度，即使用尖锐的硬物如钥匙去刮，也不会留下痕迹。

6）性价比优良(价格便宜)。

（3）强化木地板的缺点。

1）怕水怕潮：强化木地板在铺装好之后一旦进水，若不及时擦拭，就很容易因吸水膨胀而导致发泡、变形。其抗潮性能也不强，在潮湿的环境下稳定性较差。

2）装饰效果差：强化木地板表层为耐磨层与装饰层，都是采用仿生技术印刷的纸张，与天然实木相比，整体铺设效果易失真，视觉效果较为生硬。

（4）强化木地板的规格有 1 210 mm × 190/170 mm × 8/12 mm。

（5）强化木地板的安装工艺。

1）清理地面。可用拖布拖干净，或用吸尘器将灰尘吸干净。

2）地面清理干净、平整之后，铺设一层防潮地垫。

3）强化木地板安装时，地板的前边朝墙，从左角开始向右铺装。

4）确保在强化木地板与墙壁之间留有大约 10 mm 的空隙。为了防止强化木地板第一行的强化木地板滑动，必须用间隔的装置或楔子固定。第一行余下的木地板通常用在第二行的开头。要确保第二行木地板的接口与第一行木地板的接口错开至少 30 cm 的长度。

5）将下一块木地板插入第二行的凹槽，并放置到水平状态。下一块木地板按照一定的角度安装在已经安装好的强化木地板上，要保证强化木地板比较长的一边与上一行木地板结合得尽可能紧密。

6）站在已经铺设好的强化木地板上面，用双手轻微地抬起刚刚铺好的一行木地板(有可能也会将同一行木地板也抬起)，将强化木地板推紧。这时候只要没有明显的缝隙，先前铺设的强化木地板就已经安装好了，接下来就可以按照原计划继续安装。

如果缝隙很明显，就必须加大力度重复上面的工作，或者检查先前安装的强化木地板。这项工作可以应用到接下来的整个安装过程。

7）每行中最后一块强化木地板安装程序如下：将木地板翻过来，让两块板槽口对着槽口，并且板与墙面之间的距离要留 10 mm 的距离。

8）根据强化木地板的长度将其安装好，强化木地板在安装的同时需要拉紧器的辅助。已有的门框可以截短，同样要保证门与地面之间的缝隙至少为 10 mm。

如果墙面不平，必须根据墙面做出相应的调整。最后，应按照墙的轮廓切割强化木地板（注意：要留出 10 mm 的空隙）。安装踢脚板，切记踢脚板和强化木地板之间不能安装得太紧。

强化木地板的安装工艺如图 4–44 所示。

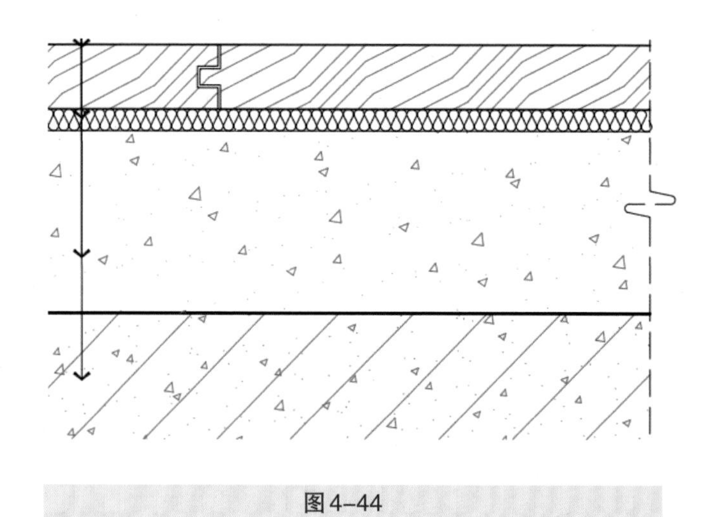

图 4–44

4. 竹木地板

图 4–45

竹木地板（图 4–45）是竹材与木材复合再生的产物。其面板和底板采用的是上好的竹材，而芯层多为杉木、樟木等木材。其生产制作要依靠精良的机器设备和先进的科学技术及规范的生产工艺流程，经过一系列的防腐蚀、防潮、高压、高温及胶合、旋磨等近 40 道繁复工序，才能制作成为一种新型的竹木复合地板。

竹木地板的优点：竹木地板外观自然清新，纹理细腻流畅，具有防潮、防湿、防蚀及韧性强，有弹性等特点；同时，竹木地板表面坚硬程度可以与木制地板中的常见材种，如樱桃木、榉木等媲美。另一方面，由于竹木地板芯材采用了木材作原料，故其稳定性极佳，结实耐用，脚感好，格调协调，隔声性能好，而且冬暖夏凉，尤其适用于家居环境及体育娱乐场所等室内装修。从健康角度而言，竹木地板尤其适合城市中的老龄化人群及婴幼儿，而且对喜好运动的人群也有保护缓冲的作用。

竹木地板色差小，因为竹子的生长周期比树木要小得多，受日照影响不严重，没有有明显的阴阳面差别，因此，竹木地板有丰富的竹纹，而且色泽匀称；表面硬度高也是竹木地板的一个优点。竹木地板因为是植物粗纤维结构，其自然硬度比木材高出一倍多，而且不易变形。竹木地板理论上的使用寿命达 20 年，且其收缩和膨胀要比实木地板小。

在实际的耐用性上，竹木地板也有缺点，如受日晒和湿度的影响会出现分层现象等。

5. 软木地板

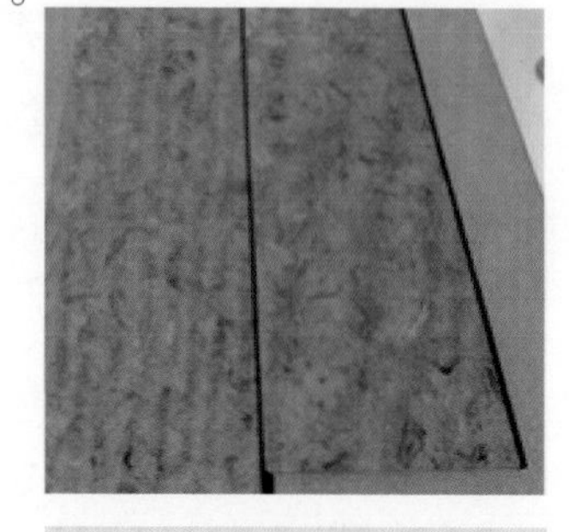

图 4–46

软木地板（图 4–46）被称为是“地板的金字塔尖消费”。软木主要生长在地中海沿岸及同一纬度的我国秦岭地区的栓皮栎橡树，而软木制品的原料就是栓皮栎橡树的树皮（该树皮可再生，地中海沿岸工业化种植的栓皮栎橡树一般 7 ～ 9 年即可采摘一次树皮），与实木地板相比更具环保性（从原料的采集开始直到生产出成品的全过程），隔声性、防潮效果也很好，带给人极佳的脚感。软木地板柔软、安静、舒适、耐磨，对老人和小孩的意外摔倒，可提供极大的缓冲作用，其独有的隔声效果和保温性能也非常适用于卧室、会议室、图书馆、录音棚等场所。

（1）软木地板优点。

1）脚感柔软舒适：软木地板具有健康、柔软、舒适、脚感好、抗疲劳的良好特性。每一个软木细胞就是一个封闭的气囊，受到外来压力时细胞会缩小，内部压力升高，失去压力时，细胞内的空气压力会将细胞恢复原状。软木的这种回弹性可大大降低由于长期站立对人体背部、腿部、脚踝造成的压力，同时，有利于老年人膝关节的保护，对意外摔倒可起缓冲作用，可最大限度地降低人体的伤害程度。

2）防滑性能好：软木地板具有比较好的防滑性，防滑的特性与其他地板相比也是其最大特点。软木地板防滑系数高，老人在上面行走不易滑到，增加了使用的安全性。

3）能够吸收噪声：软木地板是业内公认的静音地板，软木因为感觉比较软，就像人走在沙滩上一样非常安静。

（2）软木地板缺点。

1）耐磨抗压性差：物体的变形可分为弹性变形与塑性变形。弹性变形是可以恢复的，但是塑性变形是不可以恢复的，如果超出了弹性变形的范围，就塑性变形。如果是尖锐的鞋跟踩在软木地板上，发生的压坑就可能是不能恢复的。在日常生活中，最好穿软底鞋在软木地板上行走，防止将沙粒带入室内，建议在门口处铺一块蹭脚垫，并及时清除带入室内的沙粒，减少对地板的磨损。

2）清洁不易：正是软木地板独特的结构，会更容易积灰，需要正确的使用和维护，清洁打理上需要更精心一些。普通软木地板的防水、防腐性能不如强化木地板，水分也更容易渗入，要防止油墨、口红等弄在地板上，否则就会容易渗入，不易清洁。

（二）木地板的应用

（1）木地板拥有木材自然美丽的纹理、舒适的脚感，是居室地面的首选材料（图 4–47、图 4–48）。

（2）木地板是舒适与高贵的象征，因此，经常被应用于饭店、酒店、高档商铺等空间（图 4–49、图 4–50）。

图 4–47

图 4–48

图 4–49

图 4–50

（三）木地板施工工艺

1. 木地板施工方法

（1）粘贴式木地板。在混凝土结构层上用 15 mm 厚 1 ∶ 3 水泥砂浆找平，现在大多采用高分子胶粘剂，将木地板直接粘贴在地面上。

粘贴法施工工艺：基层清理→涂刷底胶→弹线、找平→钻孔、安装预埋件→安装毛地板、找平、刨平→钉木地板、找平、刨平→钉踢脚板→刨光、打磨→油漆→上蜡。

（2）实铺式木地板。实铺式木地板基层采用梯形截面木搁栅（俗称木龙骨），木搁栅的间距一般为 400 mm，中间可填一些轻质材料，以降低人行走时的空鼓声，并改善保温隔热效果。为增强整体性，在木搁栅之上铺钉毛地板，最后在毛地板上塔接或粘结木地板。在木地板与墙的交接处，要用踢脚板压盖。为散发潮气，可在踢脚板上开孔通风。

（3）架空式木地板。架空式木地板是在地面先砌地垄墙，然后安装木搁栅、毛地板、面层地板。因家庭居室的层高一般较低，这种架空式木地板已很少在家庭装饰中使用。

2. 木地板施工基本工艺流程

强化复合地板施工工艺：清理基层→铺设塑料薄膜地垫→粘贴复合地板→安装踢脚板。

实铺法施工工艺：基层清理→弹线→钻孔安装预埋件→地面防潮、防水处理→安装木龙骨→垫保温层→弹线、钉装毛地板→找平、刨平→钉木地板、找平、刨平→装踢脚板→刨光、打磨→油漆→上蜡。

3. 木地板施工要领

实铺木地板要先安装地龙骨，然后再进行木地板的铺装。

地龙骨的安装方法：应先在地面做预埋件，以固定木龙骨，预埋件为螺栓及铅丝，预埋件间距为 800 mm。

木地板的安装方法：实铺实木地板应有基面板，基面板使用大芯板。

实木地板铺装完成后，先用刨子将表面刨平刨光，将地板表面清扫干净后涂刷地板漆，再进行抛光上蜡处理。

所有木地板运到施工安装现场后，应拆包在室内存放一个星期以上，使木地板与室内温度、湿度相适应后才能使用。

木地板安装前应进行挑选，剔除有明显质量缺陷的不合格品，将颜色花纹一致的铺设在同一房间内，有轻微质量缺陷但不影响使用的，可摆放在床、柜等家具底部使用，同一房间的板厚必须一致。购买木地板时，应按实际铺装面积增加 10% 的损耗一次性购买齐备。

铺装木地板的龙骨应使用松木、杉木等不易变形的树种，木龙骨、踢脚板背面均应进行防腐处理。

铺装实木地板应避免在大雨、阴雨等气候条件下施工。施工中最好能够保持室内温度、湿度的稳定。

同一房间的木地板应一次性铺装完成，因此，木地板铺设是要备有充足的辅料，并要及时做好成品保护，严防油渍、果汁等污染表面。安装时，要及时擦掉挤出的胶液。

4. 注意事项

（1）木地板粘贴式铺贴要确保水泥砂浆地面不起砂、不空裂，基层必须清理干净。

（2）基层不平整时，应用水泥砂浆找平后再铺贴木地板。基层含水率不大于 15%。

（3）粘贴木地板涂胶时，要薄且均匀，相临两块木地板高差不超过 1 mm。

本章小结

本章介绍了作为基层材料的软木类和作为饰面材料的硬木类木材。木材作为居住空间较为理想的装饰材料，广泛使用于各种星级酒店的客房和各种样板间。通过本章内容的学习，需要掌握 5 种以上的常用木饰面名称。木材饰面的成本一般以实木最贵，木饰面板次之。木材是建筑装饰装修工程中较为常用的材料，很多柜体、门、吧台的制作都离不开木材的使用。

课后实训

请写出下列木纹的名称。

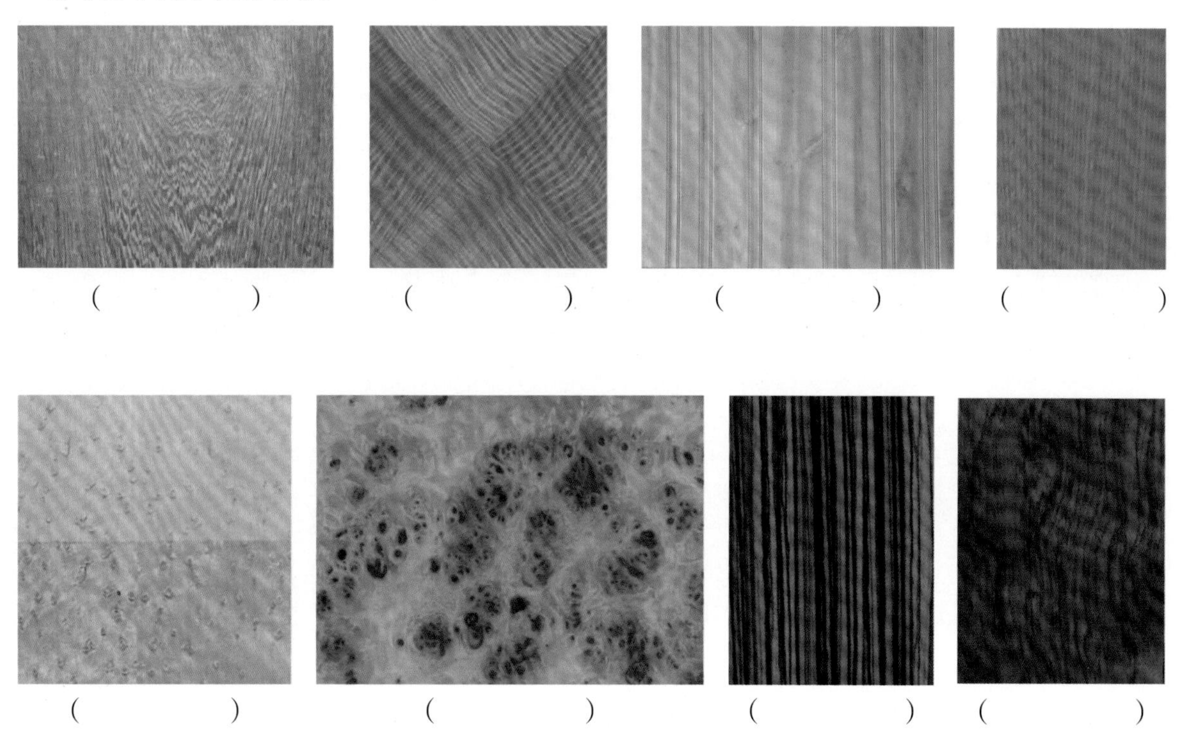

（　　　）（　　　）（　　　）（　　　）

（　　　）（　　　）（　　　）（　　　）

Chapter 5

第五章 玻璃及有机玻璃

知识目标

1. 了解玻璃主要成分，以及玻璃的加工方法。
2. 了解玻璃的不同分类，以及不同玻璃的性能特征。
3. 了解有机玻璃的种类及特点。

技能目标

1. 掌握有机玻璃的应用。
2. 掌握玻璃的安装固定方法。

第一节 玻璃

玻璃（图 5–1）是以石英、纯碱、长石和石灰石等为主要原料，经熔烧、成形、冷却固化而成的非结晶无机材料。其具有一般材料难于具备的透明性，普通玻璃化学氧化物（$Na_2O \cdot CaO \cdot SiO_2$）的主要成分是二氧化硅。玻璃广泛应用于建筑物，用来隔风透光。

玻璃的深加工制品具有控制光线、调节温度、防止噪声、防火防暴和艺术装饰性等功能。

图 5–1

一、玻璃的分类

玻璃的种类很多，按其化学成分可分为钠钙玻璃、铝镁玻璃、钾玻璃、硼硅玻璃、铅玻璃和石英玻璃等；按功能可分为普通玻璃、钢化玻璃、压花玻璃、热熔玻璃、夹层玻璃、热弯玻璃、玻璃砖等。

（一）普通玻璃（图 5-2）

图 5-2

1. 普通平板玻璃

普通平板玻璃简称玻璃，属于钠玻璃类，是未经研磨加工的平板玻璃。其主要用于门窗，起透光、挡风和保温的作用。

2. 磨光玻璃

磨光玻璃又称镜面玻璃，是用平板玻璃经过抛光后而形成的玻璃。其可分为单面磨光和双面磨光两种，具有表面平整光滑且有光泽，物象透过玻璃不变形等优点。磨光玻璃的透光率大于 84%。经过机械研磨和抛光加工的磨光玻璃，虽然质量较好，但加工既费时间又不经济，所以，浮法玻璃出现后，磨光玻璃的用量大为减少。

3. 浮法玻璃

浮法玻璃是采用海砂、硅砂、石英砂岩粉、纯碱、白云石等原料，在玻璃熔窑中经过 1 500℃～1 570 ℃高温熔化后，将溶液引成板状进入锡槽，再经过纯锡液面上延伸进入退火窑，逐渐降温退火、切割而成。其特点是玻璃表面平整、光洁，且无玻筋、玻纹，光学性质优良。

4. 普通玻璃的规格

普通玻璃的规格有 1 830 mm × 2 440 mm 或 2 440 mm × 3 660 mm。

普通玻璃的厚度一般为 2 ～ 12 mm，生活中以 5 mm、6 mm、8 mm 厚度使用较多。

5. 普通玻璃的应用

普通玻璃是建筑玻璃中用量较大的一种玻璃，主要用于门窗和隔断等部位。

（二）钢化玻璃（图 5-3）

图 5-3

普通平板玻璃在钢化前应预先按照有关的尺寸和要求对玻璃进行裁切、磨边、钻孔和清洗等预处理，然后才能进行钢化生产。生产钢化玻璃的工艺有两种：一种是将普通平板玻璃或浮法玻璃在特定工艺条件下，使用淬火法或风冷淬火法加工处理而成（物理钢化法）；另一种是将普通平板玻璃或浮法玻璃通过离子交换方法，将玻璃表面成分改变，使玻璃表面形成一层压应力层加工处理而成（化学钢化法）。

1. 钢化玻璃的性能

（1）强度高。钢化玻璃的强度是普通玻璃强度的 4 倍，抗弯强度是普通玻璃的 3 ～ 5 倍，抗冲击强度是普通玻璃的 5 ～ 10 倍，提高强度的同时也提高了安全性。

（2）使用安全。钢化玻璃承载能力的增大改善了玻璃的易碎性质，钢化玻璃即使破坏也呈无锐角的小碎片，极大地降低了对人体造成伤害的可能。钢化玻璃的耐急冷急热性质较普通玻璃有 2 ～ 3 倍的提高，一般可承受 200 ℃以上的温差变化，对防止热炸裂有明显的效果。

（3）由于钢化后的玻璃不能再进行切割和加工，故只能在钢化前对玻璃进行加工至需要的形状，再进行钢化处理。

（4）钢化玻璃强度虽然比普通玻璃强，但是钢化玻璃在温差变化较大时有自爆（自己破裂）的可能性，而普通玻璃不存在自爆的可能性。

2. 钢化玻璃的规格

平面与曲面钢化玻璃的厚度一般为 5 mm、6 mm、8 mm、10 mm、12 mm、15 mm、19 mm。但曲面钢化（即弯钢化）玻璃对每种厚度都有最大的弧度限制。

3. 钢化玻璃的应用

钢化玻璃以其强度高和安全性好的优点，普遍应用于建筑物的门窗、幕墙、大型玻璃隔断、采光天棚、家具、汽车门窗及有防盗要求的场所（图 5–4、图 5–5）。

图 5–4

图 5–5

（三）中空玻璃（图 5–6）

中空玻璃是由两层或两层以上普通平板或钢化玻璃所构成。其四周用高强度、高气密性复合胶粘剂，将两片或多片玻璃与密封条、玻璃条黏结密封，中间充入干燥气体，框内充以干燥剂，以保证玻璃片间空气的干燥度。由于玻璃之间留有一定的空腔，因而具有良好的保温、隔热、隔声等性能。

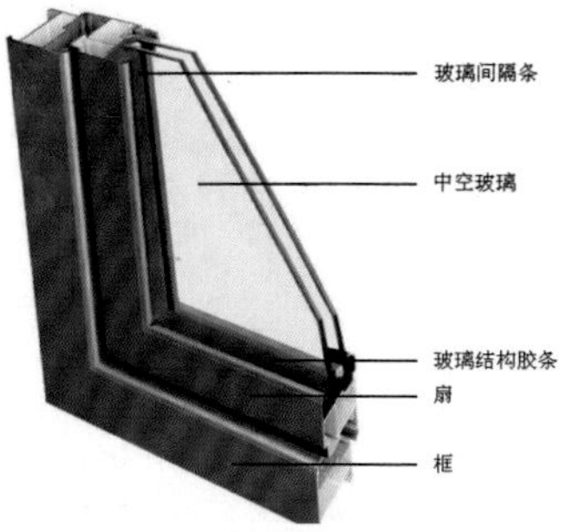

玻璃间隔条
中空玻璃
玻璃结构胶条
扇
框

图 5–6

1. 中空玻璃的性能

中空玻璃利用密封空气不导热的特性，达到保温、隔声、防潮等性能，具备节能性和环保性两重优点。中空玻璃也可采用单面钢化或双面钢化或不钢化等结构，用户可根据需要自行选择。

2. 中空玻璃的规格

中空玻璃可采用 3 mm、4 mm、5 mm、6 mm、8 mm 厚普通或钢化玻璃，空气层厚度可采用 6 mm、9 mm、12 mm。

3. 中空玻璃的应用

中空玻璃主要适用于需要采暖、空调、防止噪声或结露及需要无直射阳光和特殊光的建筑物，广泛应用于住宅、饭店、宾馆、办公楼、学校、医院、商店等需要室内空调的场合。也可用于火车、汽车、轮船、冷冻柜的门窗等部位。

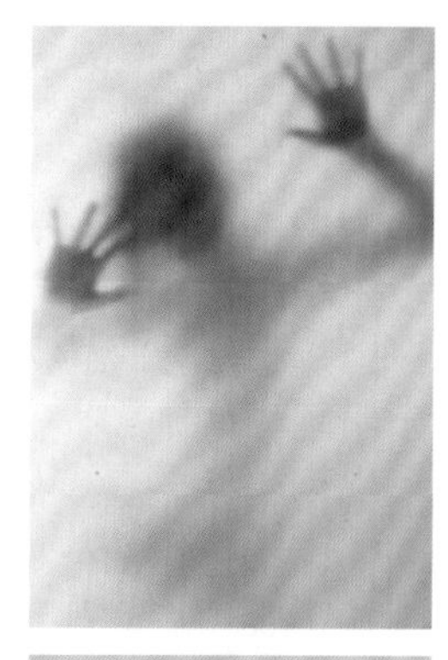
图 5-7

（四）磨砂玻璃（图 5-7）

磨砂玻璃又称毛玻璃，是将平板玻璃的表面经机械喷砂或手工研磨或氢氟酸溶蚀等方法处理成均匀毛面的玻璃。

1. 磨砂玻璃的性能

由于磨砂玻璃表面粗糙，使光线产生漫射，只能透光不能透视，故作为门窗玻璃可使室内光线柔和，没有耀眼刺目之感。

2. 磨砂玻璃的规格

手工研磨的磨砂玻璃的厚度一般为 5 mm、6 mm、8 mm。机械喷砂的磨砂玻璃的厚度可达 10 mm。

3. 磨砂玻璃的应用

（1）由于磨砂玻璃透光不透影，因此，可以用在私密和不受干扰的房间，常用于浴室、卧室、办公室等部位的门窗（图 5-8、图 5-9）。

（2）磨砂玻璃可以用在卫生间的墙体或门窗，可将无自然光照射进入的卫生间改善成有光照而又不透影的私密空间，既可起到杀菌作用，在白天又能起到节能作用（图 5-10）。

（3）透过磨砂玻璃的人或物，会产生模糊的效果，在装饰设计中需要讲究“虚”与“实”的对比，因而在设计中可以巧妙地运用磨砂玻璃的特点（图 5-11、图 5-12）。

图 5-8

图 5-9

图 5-10

图 5-11

图 5-12

（五）压花玻璃（图 5-13）

图 5-13

压花玻璃又称花纹玻璃或滚花玻璃，是采用压延方法制造的一种平板玻璃。其制造工艺可分为单辊法和双辊法。单辊法是将玻璃溶液浇筑到压延成形台上，台面可以用铸铁或铸钢制成，台面或轧辊刻有花纹，轧辊在玻璃液面碾压，制成的压花玻璃再送入退火窑；双辊法生产压花玻璃又可分为半连续压延和连续压延两种工艺，玻璃溶液通过水冷的一对轧辊，随辊子转动向前拉引至退火窑，一般下辊表面有凹凸花纹，上辊是抛光辊，从而制成单面有图案的压花玻璃。

1. 压花玻璃的性能

图 5-14

压花玻璃的理化性能基本与普通透明平板玻璃相同，仅在光学上具有透光不透明的特点，可使光线柔和，并具有隐私的屏护作用和一定的装饰效果。

2. 压花玻璃的规格

压花玻璃的规格有 1 500 mm × 2 000 mm × 5/6/8 mm。

3. 压花玻璃的应用

（1）压花玻璃适用于建筑的室内间隔、卫生间门窗及既需要光线射入又需要阻断视线的各种场合。

（2）压花玻璃由于其图案丰富，因此，可以作为装饰点缀之用（图 5-14）。

（六）夹丝玻璃（图 5-15）

图 5-15

夹丝玻璃的别称为防碎玻璃，是将普通平板玻璃加热到红热软化状态时，再将预热处理过的铁丝或铁丝网压入玻璃中间而制成。

1. 夹丝玻璃的特点

夹丝玻璃防火性能优越，可遮挡火焰，高温燃烧时不炸裂，破碎时不会造成碎片伤人。另外，夹丝玻璃还有防盗性能，玻璃割破后还有铁丝网阻挡。夹丝玻璃主要用于屋顶天窗、阳台窗等部位。

夹丝玻璃要求金属丝（网）的热膨胀系数与玻璃接近，不易与玻璃起化学反应，有较高的机械强度和一定的磁性，表面清洁无油污。

2. 夹丝玻璃的规格

夹丝玻璃的厚度一般在 8 mm 以上。

3. 夹丝玻璃的应用

夹丝玻璃因其特殊的花纹效果而被广泛应用于房间隔断、 墙面装饰、推拉门等部位（图 5–16、图 5–17）。

图5–16

图5–17

（七）夹层玻璃（图 5–18）

夹层玻璃又称夹胶玻璃，是一种建筑用安全玻璃，两层玻璃中间用透明塑料薄片（PVB 膜）通过高温、高压使两片玻璃黏合，两层玻璃中间也可以加入名人书画、邮票、钱币、标本、玫瑰花等，能够体现个性化。

图5–18

夹层玻璃的品种较多，有彩色夹层玻璃、钢化夹层玻璃、热反射夹层玻璃、屏蔽夹层玻璃、防火夹层玻璃等。

夹层玻璃的性能及应用如下：

（1）夹层玻璃即使玻璃碎裂，碎片也会被粘在塑料薄片上，破碎的玻璃表面仍保持整洁光滑。这就有效防止了碎片扎伤和穿透坠落事件的发生，从而确保了人身安全。因此，夹层玻璃被广泛应用于建筑及各种保安场所、银行等。

（2）钢化夹层玻璃的强度较高，因而，这种夹层玻璃可用于采光屋面、玻璃幕墙、透明围栏、水族馆的水下景观窗等部位。

（3）防紫外线夹层玻璃的胶片若采用防紫外线的 PVB 胶片，可以滤去 99% 的紫外线，阻隔紫外线的辐射，可用于博物馆、美术馆和图书馆等场所的门窗上。

（4）夹层玻璃的中间可以夹许多材料，如玫瑰花、树叶等，因此，夹层玻璃也是一种常用的装饰玻璃。

（八）裂纹玻璃（图 5–19）

裂纹玻璃是由三片钢化玻璃组成的，前后两面为普通钢化玻璃，中间为碎裂的钢化玻璃。由于碎裂的钢化玻璃有较强的纹理感，而且还保留部分透明度，因其效果独特人而被广大设计师所喜爱。

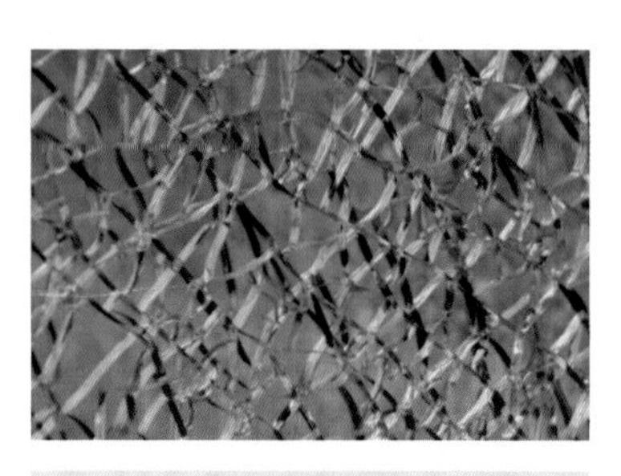
图5–19

1. 裂纹玻璃的性能

裂纹玻璃是由钢化玻璃组成的，除具有装饰性能外，依然保留着所有钢化玻璃的优点，如强度高、使用安全等，同样也保留了钢化玻璃的缺点如自爆和不可再加工等特性。

2. 裂纹玻璃的规格

最薄可采用 5 mm + 5 mm + 5 mm 的厚度，即 15 mm。

3. 裂纹玻璃的应用

（1）裂纹玻璃有着钢化玻璃的性能，因此，可以使用在普通钢化玻璃使用的空间，如门窗、幕墙、大型玻璃隔断等。

（2）裂纹玻璃由于其纹理特殊，因此，可以在设计中作为普通装饰材料使用。

（3）裂纹玻璃在射灯的灯光照耀下会出现强弱不均的纹理线，十分美观，因此，裂纹玻璃可在室内装饰中起点缀作用，如玄关处的隔墙或背景墙等。

（九）烤漆玻璃（背漆玻璃）（图 5–20）

烤漆玻璃在业内也称为背漆玻璃，可分为平面玻璃烤漆和磨砂玻璃烤漆，是在玻璃的背面喷漆，然后在 30 ℃～45 ℃的烤箱中烤 8～12 h。另外很多制作烤漆玻璃的工厂采用自然凉干，但是自然凉干的漆面附着力比较小，在潮湿的环境下容易脱落。

图 5–20

1. 烤漆玻璃的性能

烤漆玻璃具有不吸收、不渗透、不褪色、寿命长、易清洁、色彩丰富等特点。

2. 烤漆玻璃的规格

烤漆玻璃的规格同普通玻璃，厚度一般为 5/6 mm。

3. 烤漆玻璃的应用

（1）烤漆玻璃具有极强的装饰效果。其主要应用于墙面、背景墙的装饰，并且适用于任何场所的室内外装饰。

（2）烤漆玻璃的色彩丰富，纯色系（纯红、纯绿、纯黑等）被广泛用在现代感较墙的空间，如某些高档快餐店的室内外墙面装饰等（图 5–21、图 5–22）。

图 5–21

图 5–22

（十）热熔玻璃（图 5-23）

热熔玻璃是通过热熔炉将玻璃加热到半熔融状态，然后将玻璃放置在做好的造型模具上继续加热，使其软化，从而与造型模具完全融合，待冷却后就会依图案形成各种凹凸不平、扭曲、拉伸、流状或气泡等效果，其特点是大气，视觉冲击力强，充满现代艺术的魅力。

1. 热熔玻璃的性能

热熔玻璃具有凹凸感强、色彩丰富、防水、不褪色、易清洁等特点。有些热熔玻璃经过钢化处理后，因此具备了钢化玻璃的强度高等特点。

2. 热熔玻璃的规格

热熔玻璃的最大尺寸为 3 200 mm × 1 200 mm，一般为 2 700 mm × 1 500 mm，厚度为 8/10/12/15/19/25 mm。

3. 热熔玻璃的应用

（1）热熔玻璃因其独特的玻璃材质和艺术效果而被广泛应用。如，门窗用热熔玻璃、大型墙体嵌入玻璃、隔断玻璃、一体式卫浴玻璃洗脸盆、成品镜边框、玻璃艺术品等。

（2）热熔玻璃可根据设计要求定制图案，甚至在某些大型空间的背景墙上可将小块玻璃进行拼接，形成一个完整的背景（图 5-24）。

图 5-23

图 5-24

（十一）艺术玻璃（图 5-25）

艺术玻璃从广义上讲是用艺术的手法在玻璃材质上进行加工，现在“艺术玻璃”一词在行业和社会中被广为应用于建材装饰上，较通俗的是平板玻璃上做图案，当然还有其他。艺术手法表现为雕刻、沥线、彩色聚晶、乳玉、凹蒙、物理暴冰、磨沙乳化、热熔，贴片等。常见的艺术玻璃主要是经雕刻而成，可分为阴刻深雕和阳刻浮雕两种。

图 5-25

1. 阴刻深雕工艺

阴刻深雕也是浮雕工艺的一种，它与阳刻浮雕正好相反，正面是光滑的平面，图案是在玻璃的反面凹进雕刻，最深处可达玻璃厚度的 1/2。深雕玻璃工艺考究，做工精细，将独特的纹理质感与丰富多样的构图形式相结合，表现出的立体效果十分强烈，使深雕玻璃看起来更加清秀、迷人。

2. 阳刻浮雕工艺

阳刻浮雕属于浮雕工艺的一种，是雕刻艺术在玻璃上的生动体现，凸起的画面质感，是其最大特色。阳刻浮雕的图案为凸起部分，是在人工吹制的套色玻璃上，采用手刻砂雕等工艺创作而成，使栩栩如生的图案与晶莹剔透的玻璃完美地结合在一起，为空间带来精彩纷呈的艺术效果。

3. 艺术玻璃的应用

艺术玻璃可以作为玄关等部位的主题装饰，也可以作为墙面材料（图 5–26、图 5–27）。

图 5–26

图 5–27

（十二）叠纹玻璃（工艺上称为冷粘玻璃）

叠纹玻璃是将普通玻璃裁切成需要的形状，根据需要的尺寸和形状将裁好的玻璃用无影胶粘结起来，就形成了叠纹的效果（图 5–28）。

叠纹玻璃可以包柱子，制作成水幕，或制作成异型（图 5–29、图 5–30）。

图 5–28

图 5–29

图 5–30

（十三）热弯玻璃（图 5–31）

热弯玻璃是将平板玻璃加热软化后置于专用模具中，然后经退火加工成形的一种曲面玻璃。

图 5–31

1. 热弯玻璃的性能

由于热弯玻璃不能裁切，故需要预定。选购热弯玻璃时，应向厂家提供玻璃相应的厚度、高度、宽度、弧形半径等详细资料。

2. 热弯玻璃的应用

（1）建筑热弯玻璃主要用于建筑内外装饰、采光顶、观光电梯、拱形走廊等。

（2）民用热弯玻璃主要用于玻璃家具、玻璃水族馆、玻璃洗手盆、玻璃柜台、玻璃装饰品等。

（十四）玻璃砖（图 5–32）

玻璃砖是用透明或颜色玻璃制成的块状、空心的玻璃制品或块状表面施釉的制品。空心玻璃砖是一种非承重装饰材料，由两块半坯在高温下熔接而成，装饰效果高贵典雅、富丽堂皇。

1. 玻璃砖的性能

玻璃砖具有强度高、隔声、隔热、防水、防火、节能、透光（部分产品只透光不透影）等性能。

2. 玻璃砖的规格

玻璃砖一般为正方形，常见玻璃砖的厚度为 80 mm，其规格为 145 mm × 145 mm，190 mm × 190 mm 等。

3. 玻璃砖的应用

玻璃砖可应用于外墙或室内间隔，能提供良好的采光效果，并有延续空间的感觉；既有区隔作用，又可将光引入室内，且有良好的隔声效果。在浴室使用玻璃砖既节约电能，又能使浴室沐浴在阳光之下（图 5–33、图 5–34）。

图 5–32

图 5–33

图 5–34

（十五）镜面（图 5–35）

图 5–35

玻璃经裁切、磨边（必要时还可经研磨抛光）、表面洗净后，用氯化亚锡稀溶液敏化，然后洗净，再用镀银液和还原液混合立即浸注表面，镜面形成后洗净，随后可镀铜和涂防护漆。真空蒸镀法是将玻璃洗净，置于 0.1 ～ 10^{-4}Pa 真空度的蒸镀装置中，将螺旋状钨丝通电，产生的高温使螺旋中铝合金蒸发成气态，沉积在玻璃表面形成镜面。镜面的颜色除本色外，还有茶色镜、黑镜等。

1. 镜面的性能

镜面具有防水、易清洁、可反射光等性能。

2. 镜面的规格

镜面的规格有 1 830 mm × 2 440 mm 或 2 440 mm × 3 660 mm；厚度一般为 5/6/8 mm。

3. 镜面的应用

（1）镜面具有能准确映出人或物的真实影象的特点，因此，广泛应用于化妆间、试衣间、步入式衣帽间、卫生间等。

（2）镜面同样可以映射空间，增加空间的延伸感。因此，在较小的空间使用可以起到增加空间感的作用，在空间高度低于人体舒适高度时可以起到增加高度感的作用（图 5-36 ～图 5-39）。

图 5-36

图 5-37

图 5-38

图 5-39

（十六）调光玻璃（图 5-40）

图 5-40

根据控制手段及原理的异同，调光玻璃可由电控、温控、光控、压控等各种方式实现玻璃的透明与不透明状态的切换。由于各种条件限制，目前市面上实现量产的调光玻璃，几乎都是电控形调光玻璃。电控调光玻璃的原理比较容易理解：当电控产品关闭电源时，电控调光玻璃里面的液晶分子会呈现不规则的散布状态，使光线无法射入，让电控玻璃呈现不透明的外观。由于成本居高不下等原因，调光玻璃的价格相对而言仍一直处在高位，这也决定了其应用领域多定位在高端市场。

1. 产品定义

调光玻璃是将液晶膜复合进两层玻璃中间，经高温、高压胶合后一体成形的夹层结构的新型特种光电玻璃产品。使用者通过控制电流的通断与否控制玻璃的透明与不透明状态。调光玻璃本身不仅具有安全玻璃的特性，同时，又具备控制玻璃透明与否的隐私保护功能。由于液晶膜夹层的特性，调光玻璃还可以作为投影屏幕使用，替代普通幕布，在玻璃上能呈现高清画面图像。

2. 工作原理

当调光玻璃关闭电源时，电控调光玻璃里面的液晶分子会呈现不规则的散布状态，此时，电控玻璃呈现透光而不透明的外观状态；当给调光玻璃通电后，里面的液晶分子呈现整齐排列，光线可以自由穿透，此时调光玻璃呈现透明状态。

3. 控制方式

调光玻璃的控制方式主要包括人工开光、人工调光、光控调光、声控开光、温控开光、遥控开关、远程网控等，可以根据客户要求随意组合。

4. 调光玻璃的规格

（1）玻璃厚度：5.5 mm ～ 40.5 mm 不等 (2+2–19+19)。

（2）夹层厚度：1.5 mm。

（3）工作温度：–10 ℃～ 50 ℃。

（4）工作电压：24 VAC，48 VAC 或 65 VAC(高于 65 VAC 为不推荐的非安全电压)。

（5）透光率：约 75%。

（6）平均能耗：每平方米约 5W/h。

（7）正常寿命：10 年以上。

5. 应用领域

（1）商务应用。

例 1：投影幕布。在这里，调光玻璃有另一个商业名称，叫作“智能玻璃投影屏”，即透明状态下可以显示背景装饰图画，或者作为会议室的玻璃墙。不透明状态下可替代成像幕布，并更具画面清晰的特点，这样，就打破了传统水泥墙面的功能垄断局面，并且实现多重作用。

例 2：办公区域、会议室、监控室隔断。即使是偌大的办公区，被数面墙体或磨砂玻璃隔断也会显得狭小憋闷，全部采用通透玻璃设计又缺乏商务保密性，这时就需要一种可以调节透明光度的玻璃材具来解决烦恼，监控室、会议室、商务洽谈等办公区域，平时可调节为全光照透明状态，需要时，只要轻轻按动遥控器，则可让整个区域从周围环境目光中彻底模糊掉（图 5–41）。

图 5–41

（2）住宅应用。

例 1：外部设置。阳台飘窗加增调光玻璃，可在楼宇林立、人皆可窥的较差私密性上做出革命性改善。日常情况下，调节到透明状态，保持透亮采光；随意状态下，为保持安全感，可调节到不透明状态，却依然有阳光可亲近，一举两得（图 5–42）。

图 5–42

例 2：室内空间隔断。利用调光玻璃分隔房间，改善空间布局，既增加了光亮调节自由度，又能保证不同区域的私密性，会得到意想不到的效果。

例 3：作为小型家庭影院幕布使用，将幕布、屏风有效结合 (原理同商务投影幕布相同)。

例 4：在选用安全电压的前提下，将调光玻璃作为浴室、卫生间隔断，不仅使布局敞亮，又能很好地保护隐私（图 5–43）。

图 5–43

（3）医疗机构应用。可取代窗帘，起到隔断与隐私保护的功能，坚实安全，隔声消杂，更有环保清洁不易污染的好处，为医护工作者和患者消除顾虑与心理压力。

（4）博物馆、展览馆、商场、银行防盗应用。推荐应用于商场、银行、珠宝店及博物馆、展览馆的橱窗、柜台防弹玻璃与展柜玻璃中，正常营业时保持透明状态，一旦遇到突发情况，则可远程遥控达到模糊状态，可以最大程度保证人身及财产安全。

总之，调光玻璃的应用场所非常广泛，覆盖行政办公、公共服务、商业娱乐、家居生活、广告传媒、展览展示、影像、公共安全等诸多领域。

二、玻璃的加工

玻璃的表面经过加工后，能够改善玻璃的外观和表面性质，获得较好的装饰效果，同时可以提高玻璃的质量。玻璃的加工处理方法通常有冷加工、热加工和表面处理三大类。

1. 玻璃的冷加工

玻璃的冷加工是指在常温状态下，用机械的方法改变玻璃的外形和表面状态的操作过程。常见方法有研磨抛光、喷砂、切割、钻孔等。

2. 玻璃的热加工

玻璃的热加工是指利用玻璃的黏度、表面张力等性质会随着玻璃温度的改变而产生相应变化的特点对玻璃进行加工的操作过程。常见方法有烧口、火焰切割与钻孔、火焰抛光等。

3. 玻璃的表面处理

在装饰工程中，玻璃表面的处理工艺有化学蚀刻、表面着色、表面镀膜等（图 5–44、图 5–45）。

图 5–44

图 5–45

三、玻璃的安装工艺

玻璃根据品种和应用部位不同，其安装方式也各不相同。在此仅介绍玻璃常见的几种安装方法。

（1）利用广告钉、玻璃卡件，将玻璃卡在中间，卡件自身与墙面或大芯板等基层板连接。此种方法一般需要事先在玻璃上打洞，如使用钢化玻璃需在玻璃钢化前打洞（图 5–46 ～图 5–48）。

图 5–46

图 5–47

图 5–48

（2）利用玻璃四周边缘处的结构将玻璃卡住。如有需要可以在玻璃两边打上玻璃胶增加强度。此种方法无须在玻璃上打洞，即可以保证玻璃的完整性，但前提是玻璃的四周至少有一面可以将玻璃卡住（图 5-49 ～图 5-51）。

图 5-49

图 5-50

图 5-51

（3）薄玻璃制品，如背漆玻璃或镜面，可采用玻璃胶直接粘贴的方法，将玻璃直接粘在水泥墙面或大芯板等基层板上。玻璃台面的餐桌或茶几可利用无影胶将玻璃直接与不锈钢或铝合金进行黏合（图 5-52、图 5-53）。

图 5-52

图 5-53

四、其他玻璃制品

1. 琉璃

图 5-54

琉璃（图 5-54）是中国古代对玻璃的称呼，是狭隘的玻璃说法。现在，琉璃一般是指加入各种氧化物烧制而成的有色玻璃制品，现今无论是光学玻璃、平板玻璃、水晶玻璃，或是硼砂玻璃等材质所创作的作品，皆通称为玻璃艺术品，由此可见琉璃只是玻璃的一个种类，其范畴远较玻璃要小。

琉璃的材质是以各种颜色的人造水晶(含 24% 的氧化铅)为原料，用水晶脱蜡铸造法高温烧结而成的艺术作品。这个过程需经过数十道手工精心操作方能完成，稍有疏忽即可能造成失败或产生瑕疵。中国琉璃是中国古代文化与现代艺术的完美结合，其流光溢彩、变幻瑰丽，是东方人精致、细腻与含蓄的体现，是思想情感与艺术的融会。琉璃的使用已有 2400 多年的历史，自古以来一直是皇室专用，对使用者有严格的等级要求。

2. 超白玻璃

图 5-55

超白玻璃（图 5-55）是一种超透明低铁玻璃，也称低铁玻璃、高透明玻璃。其是一种高品质、多功能的新型高档玻璃品种，透光率可达 91.5% 以上，具有晶莹剔透、高档典雅的特性，有玻璃家族 “水晶王子”之称。超白玻璃同时具备优质浮法玻璃所具有的一切可加工性能，具有优越的物理、机械及光学性能，可像其他优质浮法玻璃一样进行各种深加工。无与伦比的优越质量和产品性能使超白玻璃拥有广阔的应用空间与光明的市场前景。

第二节　有机玻璃

图 5-56

有机玻璃（图 5-56）是一种通俗的名称，缩写为 PMMA。其高分子透明材料的化学名称为聚甲基丙烯酸甲酯，是由甲基丙烯酸甲酯聚合而成的高分子化合物，是一种开发较早的重要热塑性塑料。

有机玻璃可分为无色透明、有色透明、珠光、压花有机玻璃四种。有机玻璃俗称亚克力、中宣压克力、亚格力，有机玻璃具有较好的透明性、化学稳定性、力学性能和耐候性，易染色，易加工，外观优美等优点。其表面光滑，色彩艳丽，比重小，强度较大，耐腐蚀，耐湿，耐晒，绝缘性能好，隔声性好，可分为管形材、棒形材、板形材三种。

一、有机玻璃的种类

有机玻璃按照外形可分为以下四种：

（1）无色透明有机玻璃：是最常见、使用量最大的有机玻璃材料。

（2）有色透明有机玻璃：俗称彩板，透光柔和，用其制成的灯箱、工艺品，使人感到舒适大方。有色的有机玻璃可分为透明有色、半透明有色、不透明有色三种。此类有机玻璃的光泽不如珠光有机玻璃鲜艳，且质脆、易断，适用于制作表盘、盒、医疗器械和人物、动物的造型材料。透明有机玻璃的透明度高，宜制作灯具，用它制成的吊灯玲珑剔透、晶莹澄澈。半透明有机玻璃类似磨砂玻璃，反光柔和，用其制作的工艺品，使人感到舒适大方。

（3）珠光有机玻璃：是在一般有机玻璃中加入珠光粉或荧光粉制成。这类有机玻璃色泽鲜艳，表面光洁度高，外形是经模具热压后，即使磨平抛光，仍保持模压花纹，形成独特的艺术效果。用珠光有机玻璃可制作人物、动物造型，商标、装饰品及宣传展览材料。

（4）压花有机玻璃：分透明、半透明无色，其质脆、易断，在室内门窗等装饰中使用，具有既可透光又不透形的特点。

二、有机玻璃的性能

（1）透光率可达到 96% 以上，透光率极佳，光线比较柔和，有“塑料皇后”的美誉。

（2）优秀的加工性能，适合多种加工方法综合使用。

（3）耐酸碱腐蚀，表面可印刷、喷漆。

（4）较玻璃不易碎，表面硬度接近钢或铝。

（5）优良的耐候性能，适合在高寒、高热地区户外使用，加热软点在 100° 左右。

三、有机玻璃的规格

有机玻璃的规格为 1 220 mm × 2 440 mm；有机玻璃的厚度最小为 2 mm，最大为 50 mm。

四、有机玻璃的应用

（1）有机玻璃可以加工成任意形状，而且是热的不良导体，因此，有机玻璃是浴缸、吧台等特殊形状加工的常用材料（图 5–57、图 5–58）。

图 5–57

图 5–58

（2）有机玻璃是制作灯箱的主要材料（图 5–59、图 5–60）。

图 5–59

图 5–60

（3）有机玻璃与普通玻璃相比，质量轻很多，因此，可以应用在普通玻璃由于自重或易碎等问题而无法使用的部位（图 5–61、图 5–62）。

图 5-61

图 5-62

本章小结

本章主要介绍了玻璃的主要成分、加工方法、分类、性能特点及安装施工工艺。由于玻璃的种类较多，设计人员应根据不同的功能要求、装饰效果及使用部位选择相应的玻璃。

有机玻璃的使用较为广泛，其图案、色彩丰富多样。需要注意的是，有机玻璃因防火等级较低，应避免大面积使，或者禁止在项目中达不到防火要求的部位使用。

玻璃在工程中的使用无处不在，故需要设计人员熟练掌握玻璃及其制品的种类、性能特点及规格，才能在设计实际中灵活地使用。

课后实训

1. 简述玻璃的分类
2. 玻璃的规格有哪些？
3. 玻璃的固定方法有哪些？

第六章 装饰金属

Chapter 6

知识目标

1. 了解不锈钢的效果分类。
2. 了解不锈钢的成分分类。
3. 掌握穿孔铝板性能及适用部位。
4. 掌握蜂窝铝板的规格性能及适用部位。

技能目标

1. 能列举出不少于 5 种不锈钢五金件。
2. 能列举出不少于 3 种铝制装修材料。

第一节 装饰不锈钢

不锈钢的发明和使用，要追溯到第一次世界大战时期。英国科学家亨利・布雷尔利受英国政府军部兵工厂委托，研究武器的改进工作。当时，士兵用的步枪枪膛极易磨损，亨利・布雷尔利想发明一种不易磨损的合金钢。在此过程中，偶然发明了不锈钢。亨利・布雷尔利发明的不锈钢于 1916 年取得英国专利权并开始大量生产，亨利・布雷尔利也被誉为“不锈钢之父”。

随着装饰装修行业的兴起，不锈钢优异的性能和良好的装饰效果受到广大装饰设计工程师和客户的关注，被广泛应用在装饰装修的工程中（图 6–1）。

图 6–1

在装饰行业中，人们所说的装饰不锈钢按用途可分为三类，分别是彩色不锈钢装饰板材、装饰不锈钢型材及装饰不锈钢五金件。

一、彩色不锈钢装饰板材

1. 基本介绍

近年来，彩色不锈钢装饰板由于所具有的独特性，应用的范围越来越广泛。目前，国外在建筑物上大量采用彩色不锈钢制品进行装饰，彩色不锈钢装饰板已经风靡一时。彩色不锈钢既具有金属特有的光泽和强度，又具有色彩纷呈、经久不变的颜色。彩色不锈钢装饰板不仅保持了原色不锈钢的物理、化学和机械性能，而且比原色不锈钢具有更强的耐腐蚀性能。因此，自 20 世纪 70 年代彩色不锈钢装饰板问世以来，就在建材、化工、汽车、电子工业及工艺美术等领域得到广泛应用。

在常用的原色不锈钢中，奥氏体不锈钢是最合适的着色材料，可以得到令人满意的彩色外观。铁素体不锈钢由于在着色溶液内会增加腐蚀的可能性，得到的色彩不如前者鲜艳。而低铬高碳马氏体不锈钢，由于其耐腐蚀性能更差，只能得到灰暗的色彩或黑色的表面。据报道，奥氏体不锈钢经采用低温表面氧化处理着色法着色后，在工业大气中暴露 6 年，在海洋性气氛中暴露 1 年半，在沸水中浸泡 28 d 或被加热到 300 ℃左右，其彩色光泽均无变化，另外，它还可以承受一般的模压加工、拉延和弯曲加工及加工硬化等。目前，彩色不锈钢除应用于建筑物外壁和窗框装饰外，还可用于其他许多领域，例如可采用黑色不锈钢装饰板制作太阳能集热板，其选择吸热率可达 91% ～ 93%。在工艺美术界，将彩色不锈钢与印刷术相结合，可采用蚀刻与研磨及网点法相配合的工艺，生产出永不褪色的立体浮雕壁画、挂屏等。另外，用彩色不锈钢制造家用电器、炊具、厨房设备、卫生间用具，也深受消费者的喜爱。

现在的彩色不锈钢装饰板色彩绚丽，是一种非常好的装饰材料。彩色不锈钢装饰板同时具有抗腐蚀性强、机械性能较高、彩色面层经久不褪色、色泽随光照角度不同会产生色调变幻等特点，彩色不锈钢装饰板的彩色面层能耐 200 ℃左右的温度，耐盐雾腐蚀性能比一般不锈钢好。彩色不锈钢装饰板耐磨和耐刻划性能相当于箔层涂金的性能。当彩色不锈钢装饰板弯曲 90° 时，彩色层不会损坏，可用于厅堂墙板、天花板、电梯厢板、车箱板、建筑装潢、招牌等。

2. 彩色不锈钢的分类

（1）按工艺分类，彩色不锈钢可分为以下几类：

1）电镀。电镀是利用电解作用使金属或其他材料制件的表面附着一层金属膜的工艺，可以起到防腐蚀，提高耐磨性、导电性、反光性及增进美观等作用。

2）水镀。水镀是在水溶液中不依赖外加电源，仅靠镀液中的还原剂进行化学还原反应，使金属离子不断还原在自催化表面上，形成金属镀层的工艺方法。

3）氟碳漆。氟碳漆是指以氟树脂为主要成膜物质的涂料，又称氟涂料、氟树脂涂料。

4）喷漆。喷漆是用压缩空气将涂料喷成雾状涂在不锈钢装饰板上形成不同的颜色。

（2）按表面效果分类，彩色不锈钢可分为镜面板 (8K)、拉丝板（LH）、磨砂板、和纹板、喷砂板、蚀刻板、压花板、复合板（组合板）。

1）彩色不锈钢镜面板。又称为 8K 板，用研磨液通过抛光设备在不锈钢装饰板面上进行抛光，使板面光度像镜子一样清晰，然后电镀上色。

2）不锈钢拉丝板。拉丝板（LH）也称为发丝纹，因为纹路像头发细长而直。其表面像丝状的纹理，这是不锈钢的一种加工工艺。拉丝板表面是亚光的，仔细看上面有一丝一丝的纹理，但是摸不出来，比一般亮面的不锈钢耐磨，看起来更上档次。发纹板有多种纹路，有发丝纹、雪花砂纹、乱纹、十字纹，交叉纹等，所有纹路都通过油抛发纹机按要求加工而成，然后电镀着色。

3）彩色不锈钢喷砂板。喷砂板是用锆珠粒通过机械设备在不锈钢装饰板面进行加工，使板面呈现细微珠粒状砂面，形成独特的装饰效果，然后电镀着色。

4）不锈钢组合工艺板。根据工艺要求，将抛光发纹、镀膜、蚀刻、喷砂等各种工艺集中在同一张板面上进行组合工艺加工，然后电镀着色。

5）不锈钢蚀刻板。不锈钢蚀刻板是在不锈钢表面通过化学的方法，腐蚀出各种花纹图案。以 8K 镜面板、拉丝板、喷砂板为底板，进行蚀刻处理后，对物体表面再进行深加工。不锈钢蚀刻板可进行局部的和纹、拉丝、嵌金、局部钛金等各式复杂工艺处理。不锈钢蚀刻板实现图案明暗相间，具有色彩绚丽的效果。

（3）按颜色分类，彩色不锈钢可分为钛黑（黑钛）、天蓝色、钛金、咖啡色、茶色、紫红色、古铜色、玫瑰金、钛白、翠绿、绿色、香槟金、青古铜、粉色等（图 6–2）。

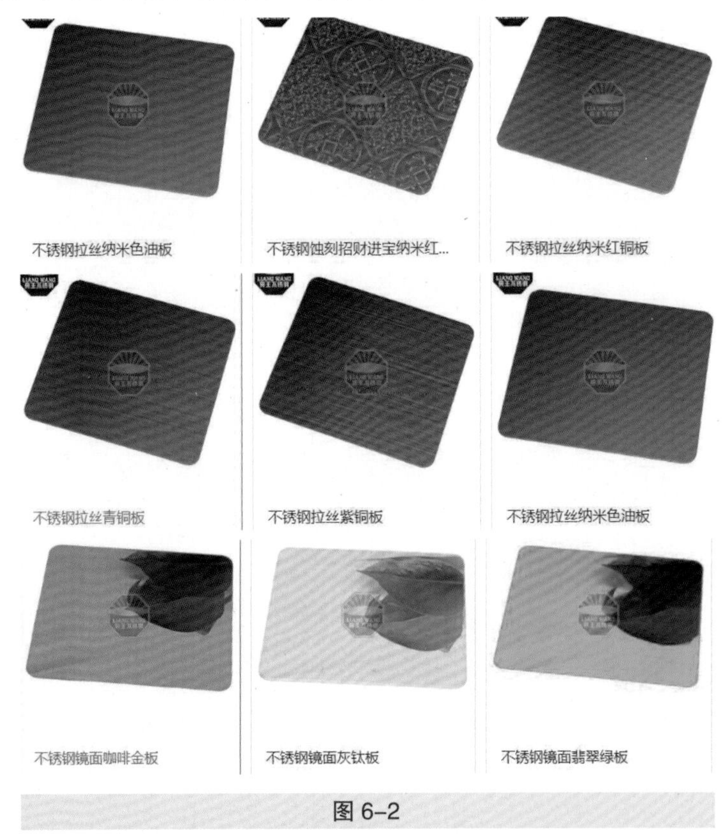

图 6–2

3. 不锈钢工程实例

（1）不锈钢可以加工成任意的形状，而且耐久性和防火性都很高。其适用于公共空间的装饰造型、门窗框、扶手等（图 6–3 ～图 6–5）。

图 6–3　图 6–4　图 6–5

（2）不锈钢金属制品给人以前卫现代的感觉，因此，在现代风格中被广泛应用（图 6–6、图 6–7）。

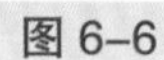
图 6–6

图 6–7

（3）不锈钢因其易于加工，且具有强度高、使用寿命长等特点，被经常应用在木材、玻璃等材料的缝隙或边缘的收口位置（图 6–8、图 6–9）。

图 6–8

图 6–9

二、装饰不锈钢型材

（1）不锈钢钢管如图 6–10 所示。

图 6–10

（2）不锈钢钢板如图 6–11 所示。

图 6–11

（3）不锈钢钢带如图 6–12 所示。

图 6–12

（4）不锈钢型钢如图 6–13 所示。

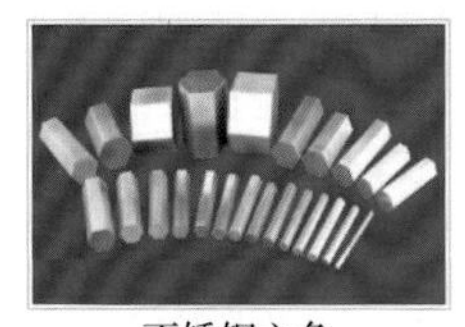
不锈钢六角

不锈钢方钢

不锈钢六角

不锈钢方钢

图 6–13

（5）不锈钢钢棒如图 6–14 所示。

图 6–14

（6）不锈钢装饰管如图 6–15 所示。

图 6–15

三、装饰不锈钢五金件

（1）不锈钢角钢、槽钢如图 6–16 所示。

图 6–16

（2）不锈钢背栓如图 6–17 所示。

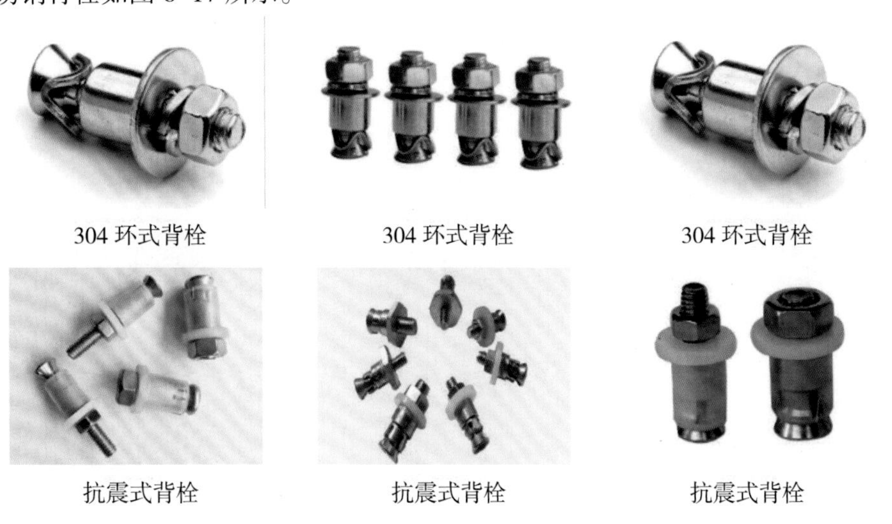

图 6–17

（3）不锈钢螺母如图 6–18 所示。

图 6–18

（4）不锈钢螺栓如图 6–19 所示。

图 6–19

（5）不锈钢膨胀螺栓如图 6–20 所示。

图 6–20

（6）不锈钢锁具如图 6-21 所示。

图 6-21

第二节　铝及其制品

铝（图 6-22）是金属中相对较轻的一种，铝与其他金属可以制成铝合金制品，来增加其强度及韧性等性能。铝具有金属的特性，可以与空气发生反应，但其表面会形成一层致密的氧化膜，使之不能继续与氧、水发生反应。铝制品表面可以喷涂氟碳油漆、聚酯油漆等来美化外观，因此，一般铝制品的使用寿命都较高。

现代建筑室内外装饰装修工程中经常使用的铝制品一般包括铝单板、铝塑板、铝扣板、穿孔铝板、铝方通、铝格栅、复合蜂窝铝板等。

一、铝单板

铝单板（图 6-23）以优质铝合金面板为基材，采用先进的数控折弯技术，确保板材在加工后平整不变形。铝单板在安装过程中抗外力性能超群。其表面涂层采用氟碳喷涂，表面具有色泽均匀，抗紫外线辐射，抗氧化，超强耐腐蚀的特点。

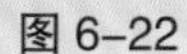
图 6-22

图 6-23

（1）铝单板的特点。

1）自重轻、刚性好、强度高。

2）不燃烧、防火性能佳。

3）极佳的耐候和抗紫外线性能，优异的耐酸、耐碱性能，在室外正常条件下，不退色保质期限可达 15 年。

4）加工性能好，可加工成平面、弧形面和球形面、塔形等各种复杂的形状。

5）不易沾污，便于清洁保养。

6）色彩可选性多，装饰效果极佳。

7）易于回收，无污染，利于环保。

（2）铝单板的规格。常规厚度为 2.0 mm、2.5 mm、3.0 mm；常用规格为 600 mm × 600 mm、600 mm × 1200 mm。

（3）铝单板的应用。铝单板具有使用寿命长、防火、防水、强度高、无光污染等特点，因此铝单板是建筑装修中最常使用的一种装饰材料。如飞机场、火车站、博物馆、纪念馆、法院、地铁等（图 6–24、图 6–25）。

图 6–24

图 6–25

二、铝塑板

铝塑板（图 6–26）是以经过化学处理的涂装铝板为表层材料，用聚乙烯塑料为芯材，在专用铝塑板生产设备上加工而成的复合材料。铝塑板是由多层材料复合而成的，上、下层为高纯度铝合金板，中间为无毒低密度聚乙烯（PE）芯板。

图 6–26

（1）铝塑板按照不同的应用场合，可分为建筑幕墙用铝塑板、外墙装饰与广告用铝塑板和室内用铝塑板。

1）建筑幕墙用铝塑板。上、下铝板的最小厚度不小于 0.50 mm，总厚度应不小于 4 mm。铝材材质应符合《一般工业用铝及铝合金板、带材 第一部分：一般要求》（GB/T 3880.1—2012）的要求，一般要采用 3000、5000 等系列的铝合金板材，涂层应采用氟碳树脂涂层。

2）外墙装饰与广告用铝塑板。上、下铝板采用厚度不小于 0.20 mm 的防锈铝，总厚度应不小于 4 mm。涂层一般采用氟碳涂层或聚酯涂层。

3）室内用铝塑板。上、下铝板一般采用厚度为 0.20 mm、最小厚度不小于 0.10 mm 的铝板，总厚度一般为 3 mm。涂层采用聚酯涂层或丙烯酸涂层。

（2）铝塑板性能。

1）超强剥离度。现在，铝塑板采用了新工艺，将铝塑板最关键的技术指标——剥离强度，提高到了极佳状态，使铝塑板的平整度、耐候性等方面的性能都相应得到了提高。

2）材质轻、易加工。每平方米铝塑板的质量仅为 3.5 ～ 5.5 kg，故可减轻地震所造成的危害，且易于搬运。其优越的施工性能使得只需简单的工具即可完成切割、裁剪、刨边、弯曲成弧形或直角的各种造形，可配合设计人员做出各种变化，安装简便、快捷，降低了施工成本。

3）防火性能卓越。铝塑板中间是具有阻燃特性的 PE 塑料芯材，两面是极难燃烧的铝层。因此，其是一种安全防火材料，符合建筑法规的耐火需要。

4）耐冲击性强、韧性高、弯曲不损面漆，抗冲击力强，在风沙较大的地区也不会出现因风沙造成的破损。

5）超耐候性。由于采用了氟碳漆，耐候性方面有其独特的优势，无论在炎热的阳光下还是严寒的风雪中都无损于漂亮的外观，可达 20 年不褪色。

6）涂层均匀，彩色多样。经过化学处理及皮膜技术的应用，使油漆与铝塑板之间的附着力均匀一致，颜色多样，令使用者选择空间更大，更加个性化。

7）易保养。铝塑板在耐污染方面有了明显的提高。对于污染较为严重的地区，铝塑板使用几年后就需要保养和清理，由于其自洁性好，只需用中性的清洗剂和清水即可。

（3）铝塑板的规格。铝塑板的规格为 1 220 mm × 2 440 mm ×3/4 mm。

（4）铝塑板的应用。

1）铝塑板的颜色非常丰富，且使用寿命长、强度高，因此，铝塑板是店面、商场、大厦等外立面装饰的理想材料（图 6–27、图 6–28）。

2）铝塑板的可塑性很强，可弯曲达到甚至超过直角状态，因此，铝塑板是制作弧形吧台、收银台的理想材料。

图 6–27

图 6–28

三、铝扣板

图 6–29

铝扣板（图 6–29）是由铝镁合金、铝锰合金等铝合金材料制造而成的，是一种常用于厨房、卫生间、浴池等房间顶棚装饰的材料。铝扣板可分为方形板、条形板两大规格。

（1）铝扣板的性能。铝扣板花色多，质轻、防水、防火，具有一定的强度和韧性。

（2）铝扣板的规格。

1）方形板。方形板的规格为 600 mm × 600 mm、500 mm × 500 mm、400 mm × 400 mm、300 mm × 300 mm、300 mm × 600 mm、300 mm × 1 200 mm、600 mm × 1 200mm。

2）条形板。条形板的规格为 75 mm、100 mm、150 mm、200 mm、300 mm 及定做规格等；长度为 3 m、4 m 定尺。

（3）铝扣板的施工工艺。一般扣板应配用专用龙骨，龙骨为镀锌钢板和烤漆钢板。标准长度为 3 m（图 6–30、图 6–31）。

图 6–30

图 6–31

1）根据同一水平高度装好收边系列。

2）按合适的间距吊装轻钢龙骨（38 或 50 的龙骨），一般间距为 1 ～ 1.2m；吊杆间距按轻钢龙骨的规格分布。

3）把预装在扣板龙骨上的吊件，连同扣板龙骨紧贴轻钢龙骨并与轻钢龙骨成垂直方向扣在轻钢龙骨下面，扣板龙骨间距一般为 1 m，全部安装完成后必须调整水平（一般情况下建筑物与所要吊装的铝板的垂直距离不超过 600 mm 时，不需在中间加 38 龙骨或 50 龙骨，而用龙骨吊件和吊杆直接连接）。

4）将条形扣板按顺序并列平行扣在配套龙骨上，条形扣板连接时用专用龙骨系列连接件。

（4）铝扣板的应用。

1）铝扣板质量轻、防水，且花色丰富。因此，铝扣板是家居装修中，厨房和卫生间顶棚的常用材料（图 6–32、图 6–33）。

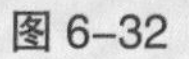

图 6–32

图 6–33

2）铝扣板的规格种类多，可适用于不同大小面积的空间。因此，铝扣板是各种洗浴场所的吊顶常用材料。

四、穿孔铝板

（1）穿孔铝板的性能。穿孔铝板（图 6–34）是在铝板的表面进行冲孔处理，并在冲孔后的铝板背面加一层白色吸声薄毡。穿孔铝板不仅具有质量轻、防水、防火等特点，还具有一定的吸声能力，且使用寿命长、易于加工。

图 6–34

（2）穿孔铝板的应用。

1）穿孔铝板不仅适用于办公室、会议室等具有吸声要求的空间，还可以制作成弧形或曲面板来增加空间的趣味性。

2）穿孔铝板和普通铝板搭配在一起可以形成虚实变化的效果。

五、铝方通

铝方通又称为U形方通、U形槽，具有开放的视野，通风、透气。其线条明快整齐、层次分明，体现了简约明了的现代风格，安装拆卸简单方便，成为近几年风靡装饰市场的产品（图6–35、图6–36）。

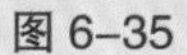

图6–35

图6–36

（1）铝方通的分类。铝方通主要可分为铝板铝方通和型材铝方通。

1）铝板铝方通通过连续滚压或冷弯成型，安装结构为专用龙骨卡扣式结构，安装方法类似普通的条形扣板，简单方便，适用于室内装饰（图6–37、图6–38）。

图6–37

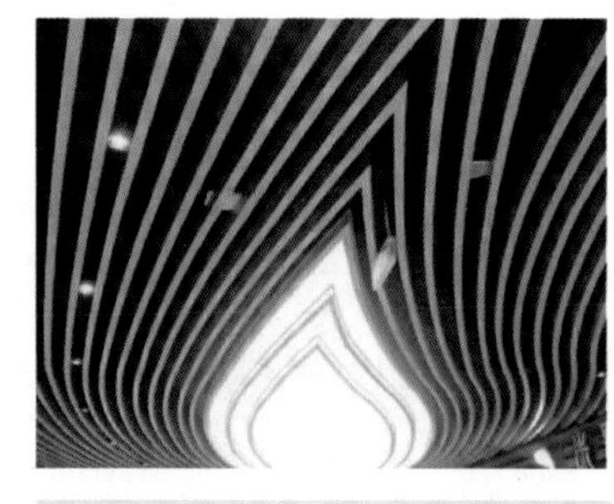

图6–38

2）型材铝方通由特色铝材挤压成形，产品硬度及平整度、垂直度都远超过其他产品，安装结构为利用上层主骨，以螺丝和特造的构件与型材锤片连接，防风性强，适用于户外装饰（龙骨间距可任意调节）。

特殊的铝方通可拉弯成弧形，弧形铝方通的出现为设计师提供更为广阔的构想空间，可创造出更加独特美观的作品。

安装不同的铝方通可以选择不同的高度和间距，可一高一低，一疏一密，加上合理的颜色搭配，令设计千变万化，能够设计出不同的装饰效果。同时，由于铝方通是通透式的，可以将灯具、空调系统、消防设备置于天花板内，以达到整体一致的完美视觉效果。

铝方通安装简单，维护同样也很方便，由于每条铝方通都是独立的，可随意安装和拆卸，无须特殊的工具，方便维护和保养。

（2）铝方通的规格。铝方通的宽度一般为20～400 mm，高度为20～600 mm，厚度为0.4～3.5 mm，长度在6 m内任意定制，特殊尺寸可根据具体情况定制。

（3）铝方通的应用。铝方通可用于隐蔽工程繁多、人流密集的公共场所，如地铁、高铁站、车站、机场、大型购物商场等，便于空气的流通、排气、散热，同时，也能够使光线分布均匀，使整个空间宽敞明亮（图6–39～图6–43）。

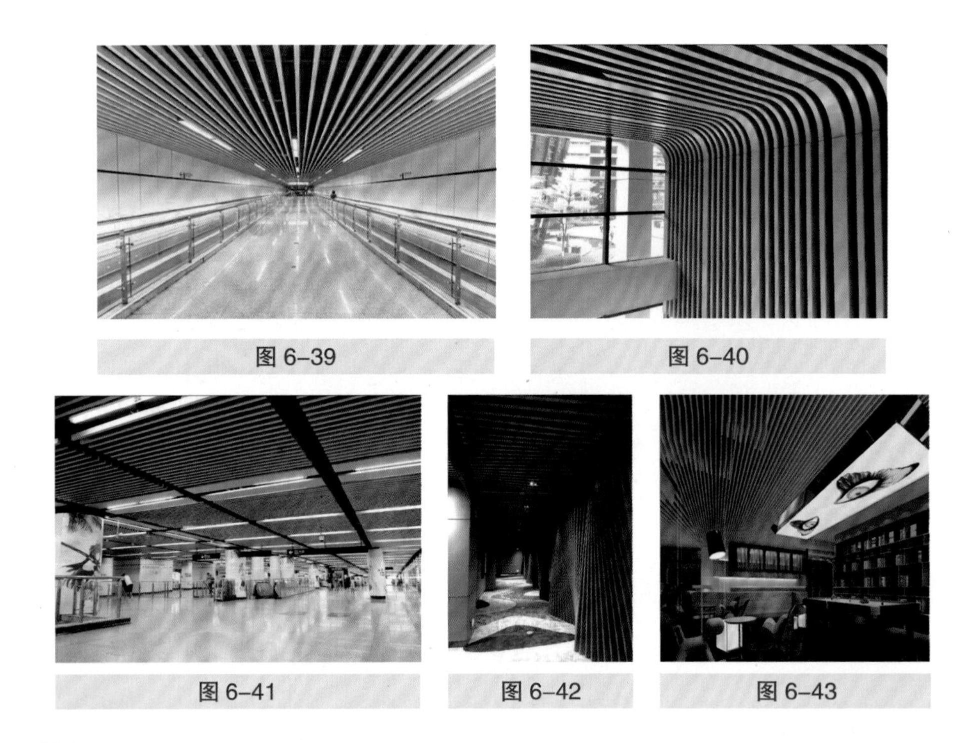

图 6-39　图 6-40

图 6-41　图 6-42　图 6-43

六、铝格栅

图 6-44

铝格栅（图 6-44）是近几年来新兴的吊顶材料之一，它是由铝或其他金属材料加工成型，并经表面处理而成。因属于绿色环保产品而受到大力推广，其产品特性是防火性能高、透气性好、安装简单、结构精巧、外表美观、立体感强、色彩丰富、经久耐用，特别适用于机场、车站、商场、饭店、超市及娱乐场等场所的装饰工程。

（1）铝格栅的规格。常规铝格栅（仰视见光面）标准为 10 mm 或 15 mm，高度有 20 mm、40 mm、60 mm 和 80 mm 可供选择。铝格栅格子尺寸分别有 50 mm × 50 mm、75 mm × 75 mm、100 mm × 100 mm、125 mm × 125 mm、150 mm × 150 mm、200 mm × 200 mm；片状格栅常规格尺寸为：10 mm × 10 mm、15 mm × 15 mm、25 mm × 25 mm、30 mm × 30 mm、40 mm × 40 mm、50 mm × 50 mm、60 mm × 60 mm。

（2）铝格栅的应用。

1）铝格栅施工方便、耐久性好，而且价格便宜、装饰效果好，因此，铝格栅是店铺、商场、饭店等公共空间的理想吊顶材料（图 6-45、图 6-46）。

2）铝格栅吊顶后可以继续用塑料植物、花卉等进行点缀。因此，铝格栅在花店、餐厅等空间的应用也非常广泛（图 6-47、图 6-48）。

（3）铝格栅的安装。铝格栅的安装非常简单，因为铝格栅质量轻，可以利用铁丝直接吊装，或利用轻钢龙骨来安装（图 6-49、图 6-50）。

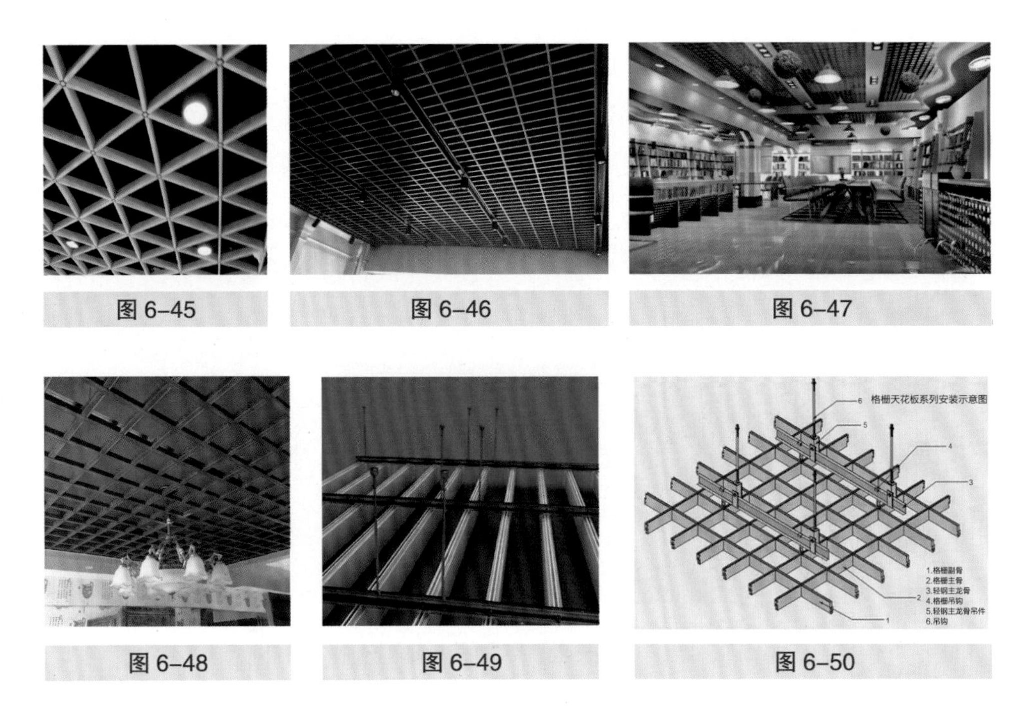

图 6-45　图 6-46　图 6-47

图 6-48　图 6-49　图 6-50

七、复合蜂窝铝板

复合蜂窝铝板 (图 6-51) 具有构造合理的优势，不仅在大尺度、平整度上有出色的表现，而且在形状、表面处理、色彩、安装系统等方面有众多的选择。以铝蜂窝芯与其他材料合成，即为复合蜂窝铝板。该产品不仅具有更大更平整的优势，也同时具有更强的耐冲击性和抗击强度，可承受高强度的压力和剪切力，不易变形，能满足超高层建筑抗风压的要求。

例如，石材复合蜂窝铝板（图 6-52，图 6-53），完全克服了天然石材固有的质量重、易碎裂等特点。石材复合蜂窝铝板以 1.0 ～ 3.5 mm 不同厚度的石材与 6 ～ 8 mm 不同厚度的蜂窝材料复合而成。外墙干挂石材蜂窝复合板每平方米质量为 6.0 ～ 12.5 kg，是干挂石材（厚度为 25 mm）的 1/7，抗压强度却是它的 3 ～ 5 倍以上。

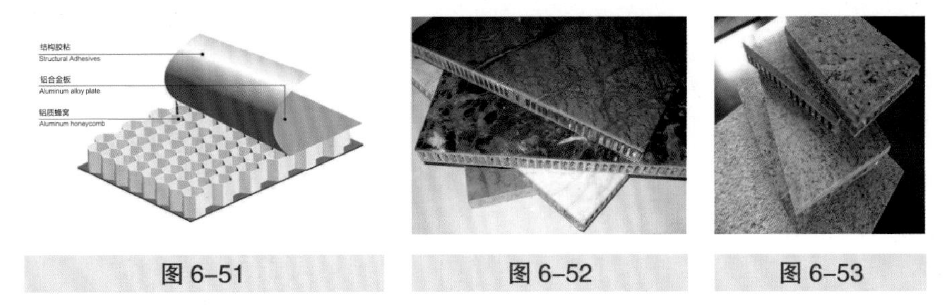

图 6-51　图 6-52　图 6-53

（1）蜂窝铝板的性能。蜂窝铝板具有隔声隔热、保温，防火、防潮，优越的平整度和刚性，质轻、节能，环保，防腐，施工方便等性能。

（2）蜂窝铝板的规格。蜂窝铝板板面尺寸可达 1 500 mm × 5 000 mm，并能保持极佳的平整度。

（3）蜂窝铝板的安装。

1）吊耳式。此安装方法是吊耳和蜂窝铝板分离式，吊耳单独加工后连接与蜂窝铝板的胶缝位置，胶缝适宜宽度不小于 12 mm。此安装方法的加工简单，安装方便。

2）翻边式。此安装方发是加工蜂窝铝板时即加工有安装用翻边，安装时只需安置连接与龙骨及胶缝处即可，适宜胶缝宽度不小于 10 mm。此方法安装方便，但加工稍复杂，不适用于造型幕墙板。

3）扣条式。铝扣条为特定型材，安装简单，但此方法对板材加工精度要求较高，不建议使用于长度大于 3 000 mm 的板材。根据扣条的宽度，板材中缝有 20 mm 和 40 mm 等。

（4）蜂窝铝板的应用。蜂窝铝板与石材结合，可大大降低石材的质量，因此，石材复合蜂窝铝板是可以将石材吊在顶面的一种新型材料（图 6–54）。

图 6–54

本章小结

本章主要介绍了不锈钢和铝两大类金属装饰材料。金属装饰材料具有轻盈、强度高、可塑性强等诸多优点，通过不同的表现手法可达到设计人员的不同要求，如镜面不锈钢极具现代感，古铜色不锈钢及铝制材料可以呈现出古典美，黑色的金属材料则古朴厚重，铝转印木纹为金属类材料增添了柔和与温馨等。

金属类材料还具有韧性好、耐久性好、易清洁等特点，但金属材料的造价高、硬度大，施工有一定难度，所以使用金属材料一定要充分了解所用材料的规格尺寸，尽量减少接缝、接点及接头，以免影响外观效果。《建筑设计防火规范》（GB 50016—2014）针对建筑等级、空间类型、空间部位都有严格的防火等级要求，金属类材料作为 A 级防火材料，因而被广泛应用于大型公共空间及重要空间部位，这不仅是出于造型的考虑，更多的是考虑防火设计的要求。设计人员应该掌握金属类材料的不同表现形式、规格特点及施工工艺，在实际工程中更好地使用金属材料。

课后实训

1. 绘制出不锈钢踢脚线、不锈钢包柱节点工艺图。
2. 绘制出铝方通、铝格栅、铝扣板吊顶节点工艺图。
3. 简单阐述铝塑板和铝单板的区别。

Chapter 7

第七章 吸声材料及纸品布料

知识目标

1. 了解各类吸声材料的特点、规格及应用
2. 掌握矿棉吸声板的施工工艺。
3. 掌握软包、硬包的节点安装构造。
4. 掌握各类吸声板的施工工艺。
5. 掌握地毯的施工工艺。

技能目标

1. 根据吸声板的施工工艺，能进行吸声板的安装施工。
2. 能进行地毯的铺设施工操作。

第七章

第一节 吸声材料

吸声板是指板状的具有吸声减噪作用的材料，主要应用于影剧院、音乐厅、博物馆、展览馆、图书馆、审讯室、画廊、拍卖厅、体育馆、报告厅、多功能厅、酒店大堂、医院、商场、学校、琴房、会议室、演播室、录音室、KTV 包房、酒吧、工业厂房、机房、家庭降噪等对声学环境要求较高及高档装修的场所。

吸声板是一种理想的吸声装饰材料，具有吸声、环保、阻燃、隔热、保温、防潮、防霉变、易除尘、易切割、可拼花、施工简便、稳定性好、抗冲击能力好、独立性好、性价比高等优点，有丰富多种的颜色可供选择，可满足不同装饰风格和层次的吸声装饰需求。

按照制作材料的不同，吸声板可分为矿棉吸声板、木质吸声板、布艺吸声板、聚酯纤维吸声板。

一、矿棉吸声板

图 7–1

矿棉吸声板（图 7–1）是用含有特殊晶体结构的黏土作为无机胶粘剂，用无机优质粒状棉为主要原料，经过高压、蒸挤、干燥等工序后切割而成的吸声材料。矿棉吸声板的燃烧性能为 A 级不燃材料，防潮抗下垂性能优异，不含石棉甲醛等有害物质。矿棉吸声板的花纹图案丰富多彩，外观设计生动，装饰效果好，具有 j 较强的降噪能力。

1. 矿棉吸声板的特点

矿棉吸声板具有吸声、防火、隔热、保温、花色多、可选择性强、质轻、施工方便等特点。

2. 矿棉吸声板的规格

矿棉吸声板的规格有 300 mm × 600 mm、600 mm × 600 mm、600 mm × 1 200 mm。

3. 矿棉吸声板的应用

矿棉吸声板防火等级较高，花色多，具有降噪能力，因此，广泛应用在各种办公场所、教育场所、医院、会议室、银行等空间（图 7–2、图 7–3）。

图 7–2

图 7–3

4. 矿棉吸声板的施工工艺

矿棉吸声板安装一般分为明框和隐框两种情况。明框又可分为平板（图 7–4）和跌级（图 7–5）；隐框又可分为暗插（图 7–6）和超越暗插（图 7–7）。

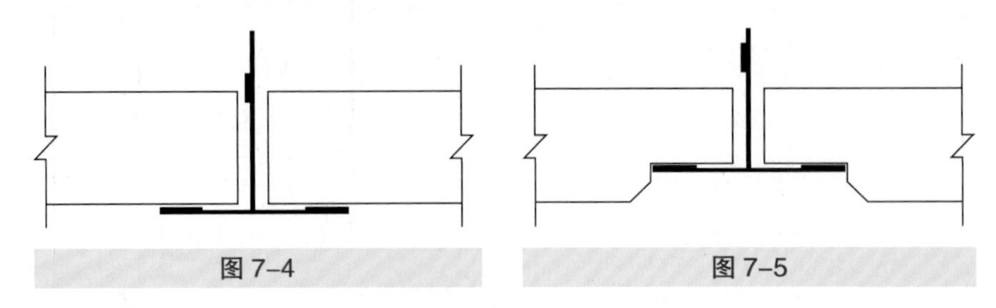
图 7–4　　图 7–5

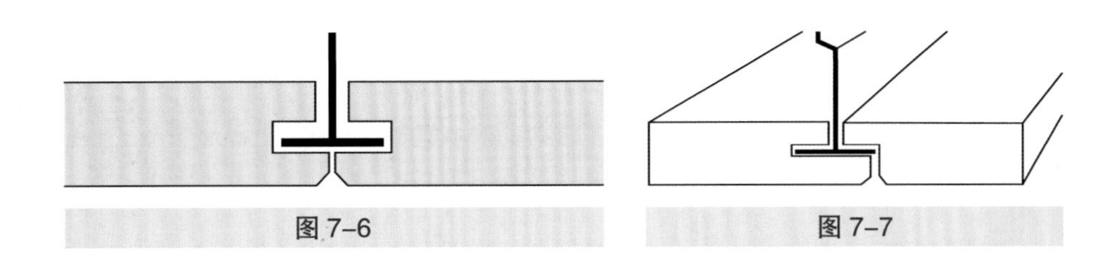

图 7-6　　图 7-7

二、木制吸声板

木质吸声板（图 7-8、图 7-9）是选用 12 mm/15 mm/18 mm 厚的优质中纤板作为基材，吸声薄毡为黑色，粘贴在吸声板背面制作而成，具有吸声和防火的性能。

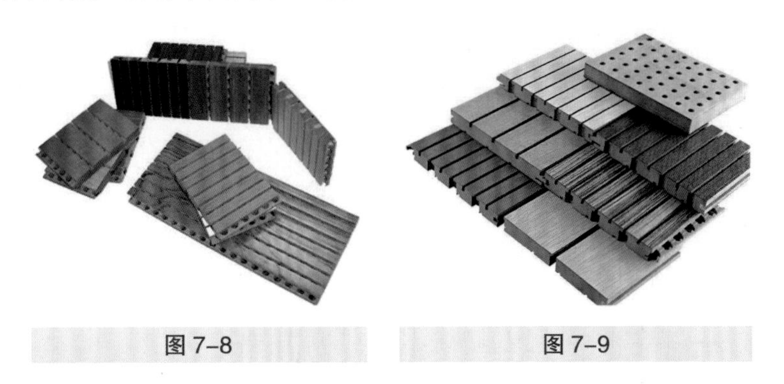

图 7-8　　图 7-9

1. 木质吸声板的特点

（1）材质轻，变形小，强度高。

（2）造型美观，色泽优雅，装饰效果好。

（4）安装简便，可大大减少安装误差，施工周期短，安装成本低。

（5）种类多，全面系统地满足各种场所的装饰需要。

（6）吸声效果好，全频吸声，低频吸声系数高。

2. 木质吸声板的规格

木质吸声板的规格有 2 440 mm × 128 mm/133 mm/165 mm/293 mm × 15 mm/18 mm。

3. 木质吸声板的应用

木质吸声板适用于既要求有木材装饰及温暖效果，又有吸声要求的场所，如影剧院、音乐厅、体育馆、保龄球馆、会议中心、报告厅、展厅、法院、多功能厅、演播厅、影视厅、候机厅、医院、学校、电子计算机房、美术馆、宾馆、图书馆、录音房等公共建筑的室内吊顶和内墙装饰（图 7-10、图 7-11）。

图 7-10

图 7-11

三、木丝吸声板

图 7-12

木丝吸声板（图 7-12）是由天然松木纤维和特殊的防腐、防潮黏结物混合压模，经过脱脂、熏蒸、矿化后与硅酸盐水泥压制而成。木丝吸声板利用声波通过材料内部的大量小孔时会产生磨擦，将声音的能量转化为热能，从而起到吸声的作用。木丝吸声板不仅具有良好的吸声隔声性能，而且透气性好，防火等级高，是一种绿色环保，对人体无害的建筑材料。

1. 木丝吸声板的特点

（1）装饰效果：木丝肌理，自然气派，别有风格。

（2）防火性能：根据检测，燃烧性能达到难燃 B1 级。

（3）防水性能：由于使用硅酸盐水泥作为黏结材料且木丝都经过了矿化处理，所以木丝吸声板具有防水的性能，可长期在 95% 的湿度环境下使用，不霉变，不生虫，可以直接用于室外 。

（4）耐高温性能：可以在 200 ℃的高温下使用而不变形 。

（5）抗冲撞性能：通过落锤冲撞试验，可以在各种球类体育场馆使用。

（6）无甲醛：木丝板吸声采用完全不同于传统密度板的成形工艺，基本杜绝了产生对人体产生危害的甲醛的可能。

2. 木丝吸声板的规格

木丝吸声板的规格有 600 mm × 600 mm、600 mm × 1 200 mm，厚度为 15 mm/25 mm/35 mm。

3. 木丝吸声板的应用

（1）木丝吸声板适用于对音质环境要求比较高的场所，且能展现高品位的公众形象，增添温暖和谐的商务及办公氛围，如大剧院、音乐厅、体育馆、银行、证券所、机场、星级宾馆、高级写字楼、会议厅、洽谈室、接待厅和各类文化娱乐场所（图 7-13、图 7-14）。

（2）木丝吸声板具有防潮、防火的特性，因此，适用于游泳馆等场所（图 7-15）。

图 7-13

图 7-14

图 7-15

（3）木丝吸声板表面粗糙，容易划伤人，因此，在人流较多的地方最好在高度 2 m 米以下的部位采用其他材料，如木制吸声板等（图 7-16、图 7-17）。

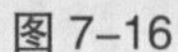

图 7-16

图 7-17

四、聚酯纤维吸声板

聚酯纤维吸声板是一种以聚酯纤维为原料，经热压成型制成的兼具吸声功能的降噪材料。聚酯纤维吸声板能满足不同吸声与消声效果的要求，在隔声材料和声学工程领域应用非常广泛。聚酯纤维吸声板和其他多孔材料的吸声特性类似，吸声系数随频率的提高而增加，高频的吸声系数较大，其后背留空腔以及构成的空间吸声体可大大提高材料的吸声性能，降噪系数大致为 0.8 ～ 1.10，是宽频带的高效吸声体（图 7-18 ～图 7-20）。

图 7-18

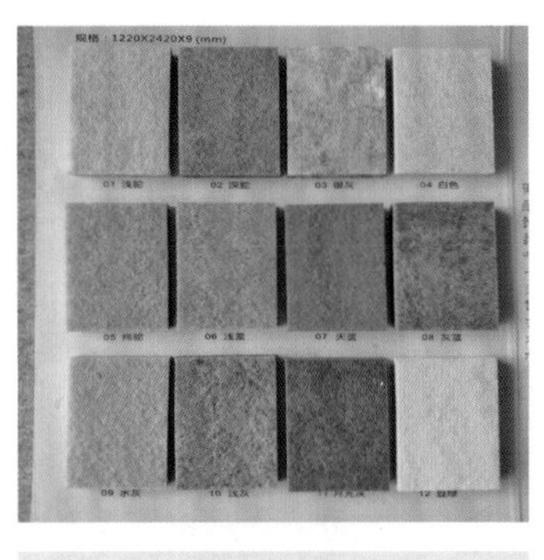

图 7-19

图 7-20

聚酯纤维吸声板还具有保温、阻燃、环保、轻体、易加工、稳定、抗冲击、维护简便等特点。聚酯纤维吸声板是一种含聚酯纤维的吸声材料，绿色环保，并且对人们的健康不会产生副作用。因此，其被广泛使用，多用于会议室、音乐教室、机房、KTV、音乐厅等产生声音较大的场所（图 7-21、图 7-22）。聚酯纤维吸声板具有吸声隔热保温特性，而且其材质均匀坚实，富有弹性、韧性、耐磨、抗冲击、耐撕裂、不易划破、板幅大（1 220 mm ×2 440 mm）。

图 7-21

图 7-22

五、吸声板的施工

吸声板的施工包括墙面和吊顶两个方面。吸声板的安装，首先是搭建龙骨，墙面和吊顶龙骨的安装分为木龙骨安装（图 7–23、图 7–24）、轻钢龙骨安装（图 7–25）、铝龙骨（图 7–26）安装等类别，对防火要求比较高的场所，可以使用轻钢龙骨。吸声板接缝的处理可分为密拼、加装饰嵌条、留缝等方法。

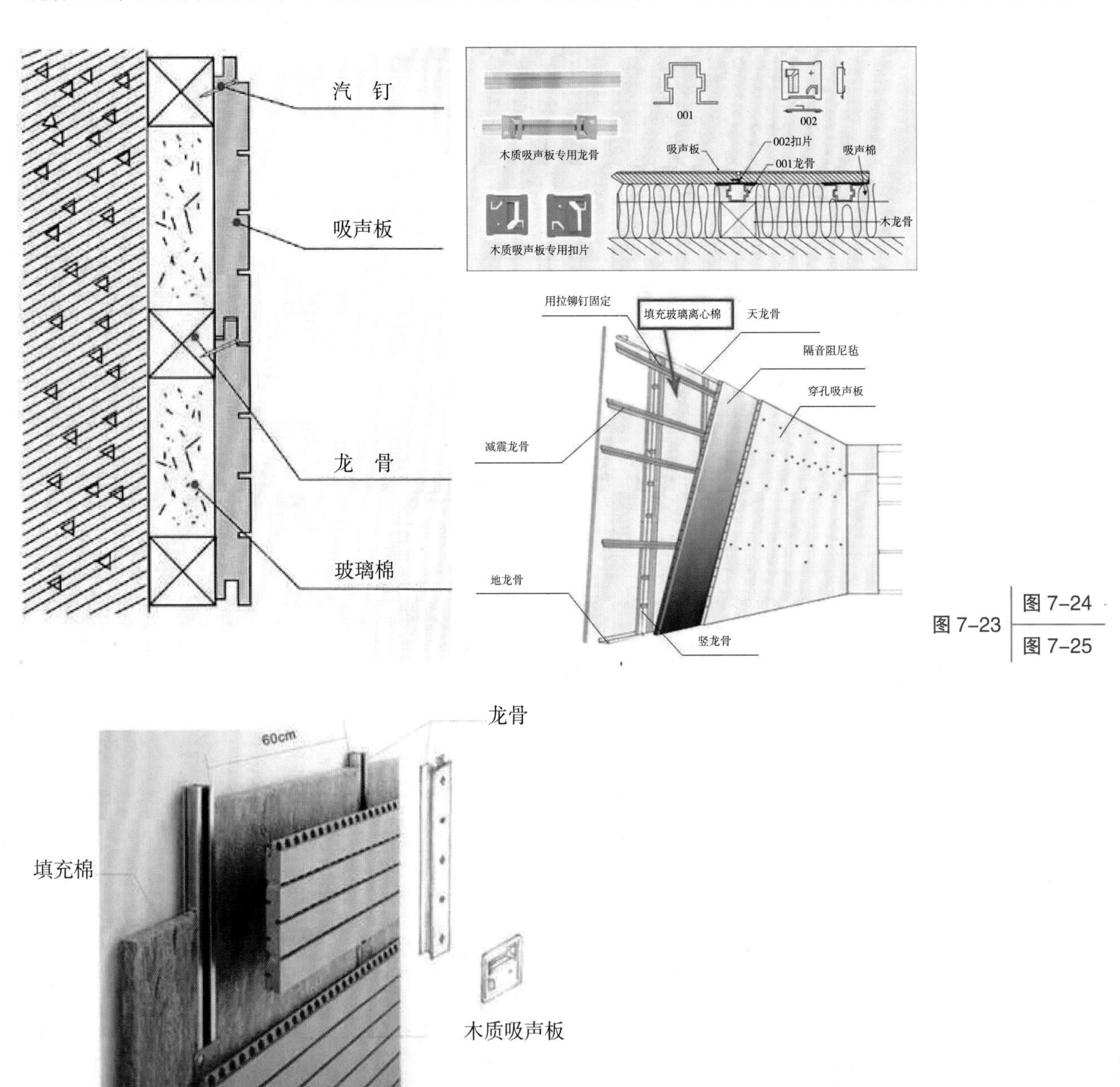

图 7–23　图 7–24　图 7–25

图 7–26

六、软包（硬包）

软包（图 7–27）是一种常用的墙面装饰，是指在室内装饰构造表面用柔性材料加以包装的室内装饰方法，给人以温馨、柔软、高贵的感觉。软包一般由面材和芯材两部分组成。饰面材料的种类繁多，有纯棉装饰布、人造纤维布、绸缎等；芯材可采用聚氯乙烯泡沫塑料板、海棉等。

图 7–27

1. 软包的材料组成

软包的材料主要是由板材、面料、填充物三大部分组成。这三大部分都可以用不同的材料随意搭配，不同的材料组合，能有不同的饰面效果，例如，要让软包"鼓"就多加填充物；要让软包看上去柔软些，就采用细腻的布料；要让软包有更多的拼接方式，就应根据造型选用不同的基层板材来实现。但是，无论选用怎样的组合方式，软包最常用的材料仍是下列种类（图 7–28）：

图 7–28

（1）板材：密度板（最常用）、阻燃板。

（2）面料：PVC 面料（质地硬、耐磨，用于低端场合）、PU（手感柔软，用于低端场合）、普通布料（防潮、吸湿、耐脏，最为常用），进口布料（性能优于普通布料，用于高端场合）、皮革（质感强、个性强，适用于高端场合）。

（3）填充物：聚氨酯泡沫 (人造海绵，不耐火，最为常用）、高密度海绵（质地柔软，不耐火，隔声性能好，用于需隔声的场合）。

因为软包的填充物很难达到 B1 级防火要求，所以，在对防火有要求的场合不能大面积采用软包材质；而且，在对有防火要求的场合小面积采用软包时，也应该用阻燃剂浸泡饰面面料及填充物，增强其防火性能。

2. 软包的特点

（1）柔化整体空间氛围，让整个空间显得柔和，同时，其纵深的立体感能够增强空间细节，还适合塑造空间的视觉焦点。

（2）可搭配饰面面料的规格大小及安装方式多种多样，实现更多的创意可能性。

（3）功能方面，软包具有吸声、隔声、防潮、防霉、防尘、防污、防静电、防撞等作用。

（4）相较于其他饰面材料和做法，软包更易于保养，表面浮尘及碎屑用吸尘器处理即可。

3. 软包的用途

（1）软包由于其温暖柔和的视觉和触觉特性，广泛应用在高档酒店、饭店等空间的大厅或包房内，如图 7–29 所示。

图 7–29

（2）软包具有非常好的吸声能力，因此，是 KTV、多功能厅等音效空间的主要装饰面材（图 7–30、图 7–31）。

图 7–30

图 7–31

4. 软包（硬包）的节点构造

从构造做法和工艺节点上来说，软包（硬包）的安装方式和节点构造基本一致，主要可分为胶粘和干挂两种类型。

胶粘的做法是目前多数项目最主流的软包（硬包）方式，因为其相较于干挂做法，成本更低，安装更快。干挂做法相对于胶粘做法而言，更牢固、更安全，同时成本会更高贵，完成面要求更多（图 7–32、

图 7–33），所以，目前只有高标准的项目中才会使用干挂的做法。

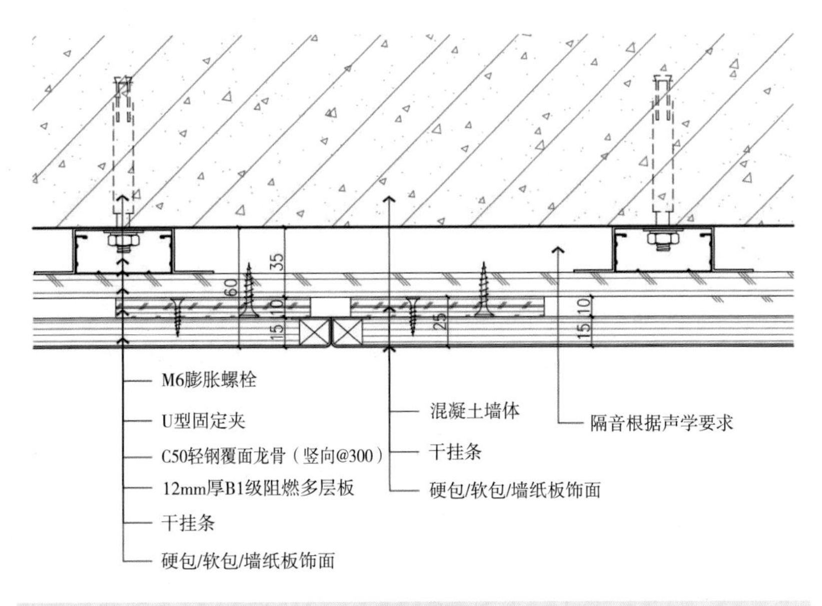

图 7–32

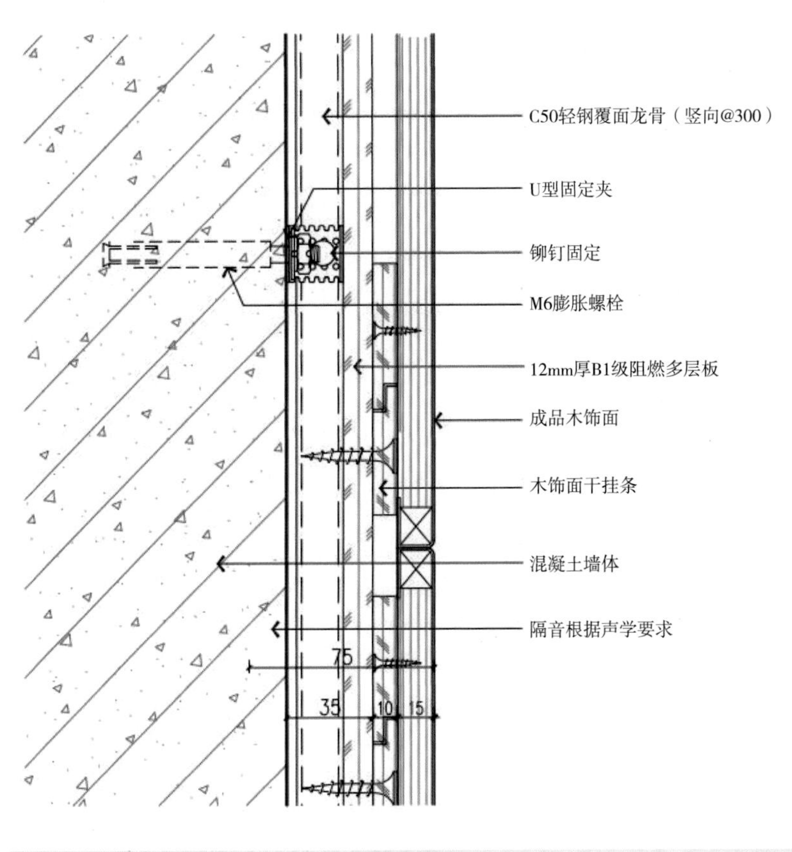

图 7–33

第二节　纸品布料

一、地毯

图 7-34

地毯（图 7-34）是一种有着悠久历史的高级地面装饰材料，是以棉、麻、毛、丝、草等天然纤维或化学合成纤维类原料，经手工或机械工艺进行编结、栽绒或纺织而成的地面铺敷物。其最初仅为铺地，起御寒湿而利于坐卧的作用，在后来的发展过程中，由于民族文化的陶冶和手工技艺的发展，逐步发展成为一种高级的装饰品，既具隔热、防潮、舒适等功能，也有高贵、华丽、美观、悦目的观赏效果，从而成为建筑高级装饰的必备产品。

1. 地毯的分类

（1）地毯按其材质，可分为纯毛地毯、化纤地毯、混纺地毯、塑料地毯等。

1）纯毛地毯：又称羊毛地毯。其毛质细密，具有天然的弹性，受压后能很快恢复原状，且不带静电，不易吸附尘土，还具有天然的阻燃性。纯毛地毯图案精美，色泽典雅，不易老化，褪色，具有吸声、保暖、脚感舒适等特点。

纯毛地毯的质量为 1.6 ～ 2.6 kg/m^2，是高级客房、会堂、舞台等地面的高级装修材料。近年来，还出现了纯羊毛无纺织地毯，它是不用纺织或编织方法而制成的纯毛地毯。

2）化纤地毯：又称合成纤维地毯。其又可分为尼龙、丙纶、涤纶和腈纶等种类，最常见的是尼龙地毯。化纤地毯是用簇绒法或机织法将合成纤维制成面层，再与麻布底层缝合而成。其最大特点是耐磨性强，同时克服了纯毛地毯易腐蚀霉变的缺点。化纤地毯的图案花色近似纯毛地毯，但阻燃性、抗静电性相对要差一些。

3）混纺地毯：混纺地毯是以毛纤维与各种合成纤维混纺而制成的地面装修材料。混纺地毯中因掺有合成纤维，所以，价格相对较低，但使用性能有所提高。如在羊毛纤维中加入 20% 的尼龙纤维混纺后，可使地毯的耐磨性约提高 5 倍，装饰性能仅次于纯毛地毯。

4）塑料地毯：塑料地毯是采用聚氯乙烯树脂、增塑剂等多种辅助材料，经均匀混炼、塑制而成。塑料地毯可以代替纯毛地毯和化纤地毯使用。塑料地毯具有质地柔软，色彩鲜艳，舒适耐用，不易燃烧且可自熄，不怕湿等特点，适用于宾馆、商场、舞台、住宅等场所。因为塑料地毯耐水，所以，也可用于浴室起防滑作用。

（2）地毯按表面纤维状，可分为圈绒地毯（图 7-35）、割绒地毯（图 7-36）及圈割绒地毯等。

图 7–35

图 7–36

圈绒地毯的纱线被簇植于主底布上，形成了一种不规则的表面效果；由于簇杆紧密，故圈绒地毯适用于踩踏频繁的部分，其不仅耐磨，而且维护方便。把圈绒地毯的圈割开，就形成了割绒地毯；割绒地毯的外表平整，外表绒感相对也有很大改善；同时，割绒地毯将外观与使用性能很好地融于一体，但在耐磨方面则不如圈绒地毯。圈割绒地毯正如其名，是割绒与圈绒的结合体。

（3）地毯按其制作方法，可分为机制地毯和手工地毯。机制地毯又包括簇绒地毯、机织威尔顿地毯和机织阿克明斯特地毯；手工地毯又包括手工编织地毯和手工枪刺地毯。

1）簇绒地毯：簇绒地毯属于机械制造地毯的一大分类。它不是经纬交织，而是将绒头纱通经过钢针插植在地毯基布上，然后经过后道工序上胶握持城头而成。簇绒地毯由于生产效率较高，因此，是酒店装修的首选地毯。

2）机织威尔顿地毯：机织威尔顿地毯是通过经纱、纬纱、绒头纱三纱交织，后经上胶、剪绒等后道工序整理而成。由于该地毯工艺源于英国的威尔顿地区，因此称机织为威尔顿地毯。其特点是织物丰满，结构紧密，平方米绒毛纱克重大。

3）机织阿克明斯特地毯：机织阿克明斯特地毯也是通过经纱、纬纱、绒头纱三纱交织，后经上胶、剪绒等后道工序整理而成。该地毯使用的工艺源于英国的阿克明斯特，此织机属单层织物且机速很慢，故地毯织造效率较低，其效率仅为威尔顿地毯织机的 30%，因而机织阿克明斯特地毯价格昂贵，是各类机织地毯中的上品。

4）手工编织地毯：手工编织地毯是将经纱固定在机梁上，由人工将绒头毛纱手工打结编织固定在经线上。手工编织地毯不受色泽数量的限制。手工编织地毯密度大，毛丛长，经后道工序整修处理会呈现出色彩丰富和立体感很强的特征。

5）手工枪刺地毯：手工枪刺地毯是织工用针刺枪，经手工或电动将地毯绒头纱人工植入底布，经后道工序上胶处理而成。

（4）地毯按其供应的款式，可分为卷材、块材等。

1）整幅成卷供应的地毯： 化纤地毯、塑料地毯及无纺织纯毛地毯常接整幅成卷供货。铺设这种地毯可使室内有宽敞感、整体感，但损坏后更换不太方便，也不够经济。

2）块状地毯：纯毛等不同材质的地毯均可成块供应。纯毛地毯还可以成套供货，每套由若干块形状、规格不同的地毯组成。花式方块地毯是由花色各不相同的小块地毯组成的，它们可以拼成不同的图案。块状地毯铺设方便而灵活，位置可随时变动，这一方面给室内设计提供了更大的选择性，同时，也可满足不同主人的情趣，而且磨损严重部位的地毯可随时调换，从而延长了地毯的使用寿命，达到既经济又美观的目的。在室内巧妙地铺设小块地毯，常常可以起到画龙点睛的效果。小块地毯可以解决大片灰色地面的单调感，还能使室内不同的功能区有所划分。门口毯、床前毯、道毯等均是块状地毯的成功应用。

2. 地毯的规格

地毯的规格有很多种，大多为卷材。块状地毯常见的规格为 500 mm × 500 mm、600 mm × 600 mm。

3. 地毯的应用

（1）地毯有降噪、吸声能力强、脚感舒适的特点，因此，是办公室、酒店、走廊、KTV、私家影院的首选地面材料（图 7–37、图 7–38）。

图 7–37

图 7–38

（2）地毯的图案精美，可以作为点缀应用在客厅、礼堂等空间起到极佳的装饰效果（图 7–39、图 7–40）。

图 7–39

图 7–40

（3）地毯可用在墙面成为壁毯，从而使空间更具特色且可增加空间的温馨感（图 7–41、图 7–42）。

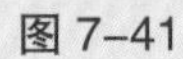
图 7-41

图 7-42

4. 地毯的施工工艺

（1）材料准备：地毯、衬垫、胶粘剂、倒刺钉板条、铝合金倒刺条、铝压条等。

（2）机具准备：裁边机、地毯撑子（大撑子撑头、大撑子撑脚、小撑子）、扁铲、墩拐、手枪钻、割刀、剪刀、尖嘴钳子、漆刷橡胶压边滚筒、烫斗、角尺、直尺、手锤、钢钉、小钉、吸尘器、垃圾桶、盛胶容器、钢尺、合尺、弹线粉袋、小线、扫帚、胶轮轻便运料车、铁簸箕、棉丝和工具袋、拖鞋等。

（3）作业条件：

1）在铺设地毯前，室内的其他装饰分项必须施工完毕。

2）铺设地毯的基层必须加做防潮层（如一毡二油；水乳型橡胶沥青一布二油防潮层等），并在防潮层上面做 50 mm 厚 1 ∶ 2 ∶ 3 细石混凝土，撒 1 ∶ 1 水泥砂压实赶光，要求表面平整、光滑、洁净、应具有一定的强度，含水率不大于 8%。

3）地毯、衬垫和胶粘剂等进场后应检查核对数量、品种、规格、颜色、图案等是否符合设计要求，应按其品种、规格分别存放在干燥的仓库或房间内。使用前要预铺、配花、编号，待铺设时按号取用。

4）对需要铺设地毯的房间、走道等四周的踢脚板应预先做好。踢脚板下口均应离开地面 8 mm 左右，以便于将地毯毛边掩入踢脚板下；大面积施工前应在施工区域内放出施工大样，并做完样板，经质量部门鉴定合格后方可组织按照样板的要求进行施工。

（4）施工工艺：基层处理→弹线、套方、分格、定位→地毯剪裁→钉倒刺板、挂毯条→铺设衬垫→铺设地毯→细部处理及清理。

1）基层处理：铺设地毯的基层，一般是水泥地面，也可以是木地板或其他材质的地面。要求表面平整、光滑、洁净，如有油污，须用丙酮或松节油擦净。如为水泥地面，应具有一定的强度，含水率不大于 8%，表面平整偏差不大于 4 mm。

2）弹线、套方、分格、定位：要严格按照设计图纸对各个不同部位和房间的具体要求进行弹线、套方、分格，如图纸有规定和要求时，则严格按图施工。如图纸没有具体要求时，应对称找中并弹线，便可定位铺设。

3）地毯剪裁：地毯裁剪应在比较宽阔的地方集中统一进行，一定要精确测量房间尺寸，并按房间和所用地毯型号逐一登记编号。然后根据房间尺寸、形状裁剪地毯，每段地毯的长度要比房间长出2cm左右，宽度要以裁去地毯边缘线后的尺寸计算。弹线裁去边缘部分，然后以手推裁刀从地毯背面裁切，裁好后卷成卷编上号，放入对应房间内。

4）钉倒刺板、挂毯条：沿房间或走道四周踢脚板边缘，用高强水泥钉将倒刺板钉在基层上（钉朝向墙的方向），其间距约40cm左右。倒刺板应离开踢脚板面8 ~ 10mm，以便于钉牢倒刺板。

5）铺设衬垫：将衬垫采用点粘法刷107胶或聚醋酸乙烯乳胶，粘在地面基层上，要离开倒刺板10mm左右。

6）铺设地毯：

①缝合地毯：将裁好的地毯虚铺在垫层上，然后将地毯卷起，在拼接处缝合。缝合完毕，用塑料胶纸贴于缝合处，保护接缝处不被划破或勾起，然后将地毯平铺，用弯钉在接缝处做绒毛密实的缝合。

②拉伸与固定地毯：先将地毯的一条长边固定在倒刺板上，毛边掩到踢脚板下，用地毯撑子拉伸地毯。拉伸时，用手压住地毯撑，用膝撞击地毯撑，从一边逐步推向另一边。如一遍未能拉平，应重复拉伸，直至拉平为止。然后将地毯固定在另一条倒刺板上，掩好毛边。长出的地毯，用裁割刀割掉。一个方向拉伸完毕，再进行另一个方向的拉伸，直至四个边都固定在倒刺板上。

③用胶粘剂粘结固定地毯：此法一般不放衬垫（多用于化纤地毯），先将地毯拼缝处衬一条10cm宽的麻布带，用胶粘剂粘贴，然后将胶粘剂涂刷在基层上，适时粘结、固定地毯。此法分为满粘和局部粘结两种方法。宾馆的客房和住宅的居室可采用局部粘结，公共场所宜采用满粘。

铺粘地毯时，先在房间一边涂刷胶粘剂后，铺放已预先裁割的地毯，然后用地毯撑子向两边撑拉，再沿墙边刷两条胶粘剂，将地毯压平掩边。

7）细部处理及清理：要注意门口压条的处理和门框、走道与门厅，地面与管根、暖气罩、槽盒，走道与卫生间门坎，楼梯踏步与过道平台，内门与外门，不同颜色地毯交接处和踢脚板等部位地毯的套割、固定和掩边工作，必须粘结牢固，不应有显露、后找补条等破活。地毯铺设完毕，固定收口条后，应用吸尘器清扫干净，并将毯面上脱落的绒毛等彻底清理干净。

（5）质量要求。

1）主控项目。

①地毯面层采用的材料应符合设计要求和国家现行有关标准的规定。

②地毯面层采用的材料进入施工现场时，应有地毯、衬垫、胶黏剂中的挥发性有机化合物（VOC）和甲醛限量合格的检测报告。

③地毯表面应平服，拼缝处应粘贴牢固、严密平整、图案吻合。

2）一般项目。

①地毯表面不应起鼓、起皱、翘边、卷边、显拼缝、露线和毛边，绒面毛应顺光一致，毯面应洁净、无污染和损伤。

②地毯同其他面层连接处、收口处和墙边、柱子周围应顺直、压紧。

（6）成品保护。

1）运输操作。在运输过程应注意保护已完成的各分项工程的质量；在操作过程中应注意保护好门窗框扇、墙纸、踢脚板等成品，避免损坏和污染，并应采取保护固定措施。

2）地毯存放。地毯材料进场后应做好堆放、运输和操作过程中的保管工作，应避免风吹雨淋，要注意防潮、防火、防踩、物压等。

3）施工现场管理。施工过程中应注意倒刺板和钢钉等使用和保管，要及时回收和清理切断的零头、倒刺板、挂毯条和散落的钢钉，避免发生钉子扎脚、划伤地毯和把散落的钢钉铺垫垫层和面层下面，否则必须返工取出。

4）加强交接管理。严格执行工序交接制度，每道工序施工完成应及时交接，将地毯上的污物及时清理干净。操作现场严禁吸烟，加强现场消防管理。

二、壁纸

图 7-43

壁纸（图 7-43）是现代装饰装修中最常用的一种装饰材料，由于其花色精美、图案丰富、又可以满足多种装饰风格的需求，因而受到广大设计师的喜爱。

1. 壁纸的分类

（1）按基材材质可分为以下几类：

1）纸基壁纸：是将表纸与基纸通过施胶层压复合到一起后，再经印刷、压花、涂饰等工艺制成的一种墙面装饰材料。

2）布基壁纸：是以中碱玻璃纤维布为基材，用树脂、增稠剂及颜料等，经染色和挺括处理形成彩色坯布，然后将聚氯乙烯树脂、聚醋酸乙烯脂等溶于溶剂中，配成色浆做印花处理，最后经切边卷筒即成产品。

3）纺织纤维壁纸：是以各种天然纤维（如棉、麻、丝、毛等）制成色泽、粗细各异的线，按一定花色图案复合于专用纸基上所形成的墙面装饰材料。

（2）按表面覆盖物可分为以下几类：

1）纯纸壁纸：这类壁纸是在平整的纸质基材上直接压花或印花。纸质基材分为加厚单层纸和双层纸。目前，越来越多的产品采用双层纸复合技术来达到更好的印刷效果。纯纸壁纸的主要特点是透气性佳、环保性能良好、色彩生动鲜亮。

2）PVC 壁纸：

① PVC 涂层壁纸（以纯纸、无纺布或纺布为基材）：在基材表面喷涂 PVC 糊状树脂，再经印花、压花等工序加工而成。这类壁纸经过发泡处理后可以产生很强的三维立体感，并可制作成各种逼真的纹理效果，如仿木纹、仿锦缎、仿瓷砖等，有较强的质感和较好的透气性，能够较好地抵御油脂和湿气的侵蚀，适用于几乎所有家居场所。

② PVC 胶面壁纸（以纯纸或织物为基材）：此类壁纸是在纯纸底层（或无纺布、纺布底层）上覆盖一层聚氯乙烯膜，经复合、压花、印花等工序制成。该类壁纸印花精致、压纹质感佳、防水防潮性好、经久耐用、容易维护保养。这类壁纸是目前最常用、用途最广的壁纸，可以广泛应用于家居和商业场所。

3）无纺壁纸：此类壁纸在各种不同类型的无纺材料表面直接印刷，基材又可分为单层无纺布和双层无纺布两种，两者都可以直接在其表面压花、印花或压印花。这种壁纸的特点是色泽柔和、手感柔软、透气性和抗撕扯性好，并有良好的空间稳定性（即抗涨缩性能）；施工时对墙面的要求不高，使用寿命很长，并且在二次装修时可以将整张壁纸撕揭下来而不会损坏墙体。

4）天然织物壁纸：天然织物壁纸采用天然材料，如草、木材、树叶、石材、竹或者珍贵树种木材切成薄片或细丝后粘附在纯纸或无纺基材表面而制成。目前，许多厂家也采用先将真丝、羊毛、棉、麻等纤维制作成一张很薄的面层，然后再将其粘合在纸基或无纺基层上制成织物壁纸。这种壁纸的特点是风格淳朴自然，富有浓郁的自然气息，环保性能高，无塑料味，不带静电，透气性好。

5）金属质感壁纸：金属质感壁纸是以金色和银色为主要色彩，通过真空镀膜等工艺，结合普通壁纸生产工艺在壁纸表面达到金、银、铜、锡、铝等金属材料的质感。其主要特点是有光亮的金属质感和反光性、性能稳定、不变色、价值较高、防火、防水等。

6）特殊材料壁纸：生产厂家为了满足客户的不同需求而生产的具有特殊装饰效果或特殊功能的壁纸。一类是采用 PU(聚氨酯)颗粒、云母、砂岩、喷砂、水晶等材料通过胶液粘合在壁纸表面制成，能够产生特殊的装饰与视觉效果；另一类是将一些功能性物质，如硅藻土、负离子材料等添加在壁纸生产过程中，此类产品能够产生调湿、保湿、抗菌、防霉、净化空气等特殊功能。

2. 壁纸的规格

壁纸的规格每卷为 10 000 mm × 530 mm = 5.3（m^2）

3. 壁纸的施工工艺

壁纸在施工前应先进行基层处理，在找平后需涂刷一遍清漆，然后用壁纸胶将壁纸贴上即可。壁纸施工完毕后应保证室内密闭一段时间，防止因空气流通而起皮。壁纸收口位置应该在阴角处，阳角收口部位应采用其他材料包饰否则也会起皮。

4. 壁纸的特点

（1）优点：色彩多样；价格适宜；装修周期短；耐脏耐擦洗；防火防霉抗菌。

（2）缺点：

1）造价比乳胶漆高。

2）施工水平和质量不容易控制。

3）档次比较低、材质比较差的壁纸环保性差，对室内环境有污染。

4）一些壁纸色牢度较差，不易擦洗。

5）印刷工艺低的壁纸时间长了会有褪色现象，尤其是日光经常照射的地方。

6）不透气材质的壁纸容易翘边，若墙体潮气大，时间久了容易发霉脱层。

7）大部分壁纸在更换时需要撕掉并重新处理墙面，比较麻烦。

8）收缩度不能控制的纸浆壁纸需要搭边粘贴，会显出搭边竖条，整体视觉感有影响。

9）颜色深的纯色壁纸容易显接缝。

5. 壁纸的应用

（1）壁纸因其图案精美、花色丰富，是室内装修最常用的装饰材料，适用于居室、主题背景、商场店铺、饭店、酒店、包间等（图 7-44、图 7-45）。

（2）壁纸具有多种风格的产品，可满足不同人们的装饰需求（图 7-46、图 7-47）。

图 7-44

图 7-45

图 7-46

图 7-47

三、壁布

壁布实际上是壁纸的另一种形式，一样有着变幻多彩的图案、瑰丽无比的色泽，但在质感上则比壁纸更胜一筹。由于壁布表层材料的基材多为天然物质，无论是提花壁布、纱线壁布，还是无纺布壁布、浮雕壁布，经过特殊处理的表面，其质地都较柔软舒适，而且纹理更加自然，色彩也更显柔和，极具艺术效果，给人一种温馨的感觉。壁布不仅有着与壁纸一样的环保特性，而且更新也很简便，并具有更强的吸声、隔声性能，还可防火、防霉防蛀，也非常耐擦洗。壁布本身的柔韧性、无毒、无味等特点，使其既适合铺装在人多热闹的客厅或餐厅，也更适合铺装在儿童房或有老人的居室里（图 7-48、图 7-49）。

图 7-48

图 7-49

壁布按材料的层次构成可分为单层和复合两种。

（1）单层壁布即由一层材料编织而成，或丝绸，或化纤，或纯绵，或布革，其中以锦缎壁布最为绚丽多彩，由于其缎面上的花纹是在三种以上颜色的缎纹底上编织而成，因而更显古典雅致。

（2）复合型壁布是由两层以上的材料复合编织而成的，可分为表面材料和背衬材料，背衬材料主要有发泡和低发泡两种。

除此之外，还有浮雕壁布及防潮性能良好、花样繁多的玻璃纤维壁布，其中浮雕壁布因其特殊的结构，而具有良好的透气性且不易滋生霉菌，能够适当地调节室内的微气候，在使用时，如果不喜欢原有的色泽，还可以涂上自己喜爱的有色乳胶漆来更换房间的铺装效果。

本章小结

本章主要介绍了吸声材料的种类、不同吸声材料的应用以及安装施工工艺。由于使用空间和使用部位的不同，在吸声材料类型的选择上也不尽相同，如天棚选用吸声材料时要求自重轻、施工快捷方便，因而矿棉吸声板就成为了首选材料，其因为具有吸声、防火、隔热保温、花色多等特点，所以被广泛应用于办公场所、教育机构、医院、银行等空间。墙面的吸声材料种类较多，木质吸声板、木丝板、聚酯纤维吸声板、布艺皮质软包等均可以应用于有吸声要求的空间。地面也有可以吸声的材料，如地毯等。地毯因为脚感舒适、吸声降噪，因而在很多大型办公室、酒店、KTV、影院被广泛使用。

纸制品的种类繁多，以壁纸为代表，多用于装饰外表面的饰面层。壁纸的图案、色彩丰富多样，能满足大部分装饰空间及装饰风格的需要。与壁纸相媲美的还有壁布，其在质感上比壁纸更胜一筹，质地柔软、纹理自然、色彩柔和，是高档装修的必备材料。

课后实训

1. 绘制出木质吸声板安装施工构造详图。
2. 绘制出地毯安装施工构造详图。
3. 简单阐述壁纸的种类及其安装施工工艺。
4. 简单绘制矿棉吸声板的安装示意图。

第八章 其他装饰板材

Chapter 8

知识目标

1. 了解防火板、波纹板、抗倍特板等各类装饰板材的规格及用途。
2. 了解水泥板的种类、特点及应用场景。

技能目标

能根据实际情况，在装饰装修工程中灵活运用防火板、波纹板、抗倍特板等各类装饰板材。

一、防火板

防火板（图 8–1）又称耐火板，其面层为三聚氰胺甲醛树脂浸渍过的印有各种色彩、图案的纸，里面各层都是酚醛树脂牛皮纸，经干燥后叠合在一起，在热压机中通过高温压制而成。

图 8–1

1. 防火板的特点

防火板具有色彩丰富、图案花色繁多（仿木纹、石纹、皮纹等）和耐湿、耐磨、耐烫、阻燃、耐侵蚀、易清洗等特点。表面有高光泽的、浮雕状的和麻纹低光泽的，在室内装饰中既能达到防火要求，又能起到装饰效果，且加工方便，可锯、可钻、可磨、可钉，更容易体现设计意图。

2. 防火板的规格

防火板的规格为 1 220 mm × 2 440 mm，厚度为 1 ～ 2 mm。

3. 防火板的用途

（1）防火板种类较多，主要用于医院、商场、宾馆、住宅等的门、墙、橱柜等部位的装饰（图 8–2）。

（2）防火板可以仿造木饰面、金属饰面、石材等，因此，防火板即可以作为饰面材料，也可以制作家具（图 8–3、图 8–4）。

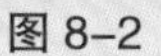

图 8–2

图 8–3

图 8–4

二、波纹板

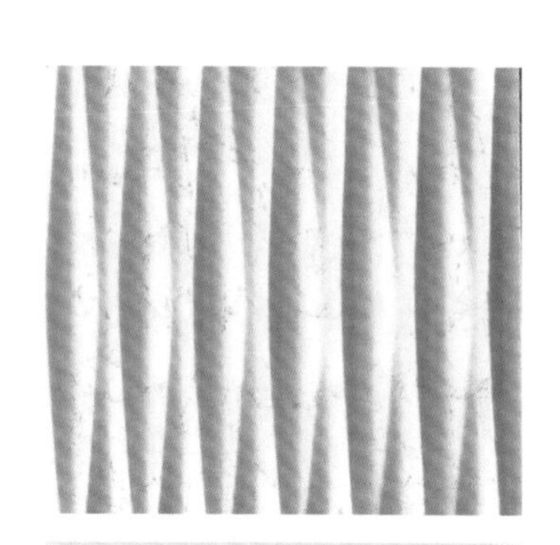

图 8–5

波纹板（又称波浪板）（图 8–5）是一种新型时尚的室内装饰材料，由中纤维板（密度板）经电脑雕刻并采用高超的喷涂、烤漆工艺精工制造而成。

1. 波纹板的特点

（1）防潮、防水、不变形。波纹板背面利用聚乙烯进行工艺处理，从而达到防潮、防水、不变形的效果。

（2）采用先进工艺，经久耐用。波纹板采用高超的紫外线固化油漆、烤漆等工艺制成，从而使板面硬度强、耐磨、不脱落、使用寿命长。

（3）吸声降噪。波纹板的基材纤维板是一种细胞造体，具有多孔质的吸声特性，有较强的消除噪声的功能。

2. 波纹板的规格

波纹板的规格为 1 220 mm × 2 440 mm。

3. 波纹板的图片（图 8–6、图 8–7、图 8–8）

图 8–6

图 8–7

图 8–8

4. 波纹板的用途

（1）波纹板的装饰效果非常好，颜色丰富，因此，可以作为电视背景墙及装饰主题墙面的首选材料（图 8-9）。

（2）金色的波纹板有富丽堂皇的感觉适用于酒店、会所等高档空间的局部装饰（图 8-10）。

图 8-9

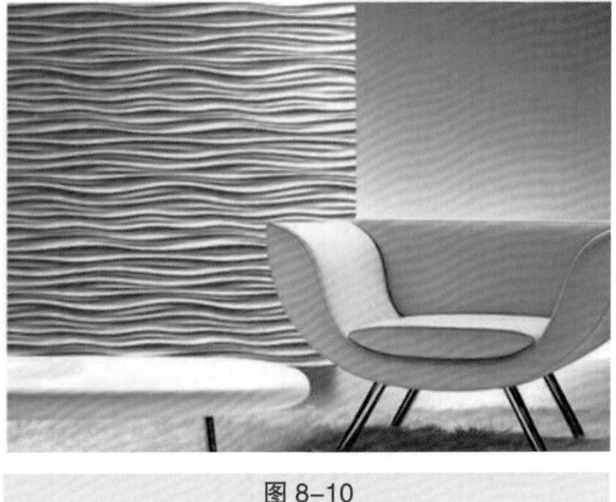

图 8-10

（3）波纹板特殊的纹理可以作为吧台、收银台或其他家具局部点缀之用。

三、波音软片

波音软片（图 8-11）是一种贴膜，一种新型的环保产品。其特点是仿木质感很强，可取代优质的原木，同时因表面无须油漆，避免了传统装饰带来的种种不适和家庭装修后带来的各种异味，使人们远离污染，轻松入住。因此，其必将成为代替木材的最佳产品。当波音软片覆盖在人工板材上后，能有效抑制板材内有害物质的挥发，板材表面粗糙的感觉在经过波音软片处理后，将会显得整洁光滑。

图 8-11

1. 波音软片的特点

波音软片耐磨、耐热、阻燃、耐酸碱、防油、防火、易于清洗、价格便宜，与天然木纹相比，具有无色差，施工简单，可自带背胶等特点。

2. 波音软片的规格

波音软片的规格：宽度为 1 220 mm，长度为 50 m。

3. 波音软片的应用

（1）波音软片采用耐磨性油墨印刷，同时表面覆有保护膜，不会褪色，不会被刮掉。在施工过程中，在贴好波音软片后，可以刨、修边，可以锯，波音软片都会完好无损。经过波音软片装饰后的板材可制作家具、音箱、镜柜、塑料扣板、塑钢门窗、铝合金门窗、扶手等。

（2）波音软片具有美丽的纹理，自然舒适的感官享受，浑然天成的效果，深受业内设计师和装修施工人员的垂青。另外，由于其价格低廉、花色丰富，因此，在装修中可以替代天然木纹做饰面使用。

四、椰壳板

椰壳板（图 8-12）是由纯天然椰壳手工制作而成。其产品的制作是经过原材料选择、打磨、切片、抛光、再选材、拼花、自然晾干等一道道精密的工序。先进的技术水平和天然的材料，以及精细的制工使得椰壳板产品色泽柔和沉稳，广泛使用于酒店、厅堂、卧室、酒吧等场所室内外装饰。

图 8-12

1. 椰壳板的特点

椰壳板具有耐磨、环保、安装方便、自然古朴、装饰性强、不怕水等特点，且无须涂饰油漆，就可享受强烈的现代、质朴、典雅的装饰效果。

2. 椰壳板的规格

椰壳板的规格有 10 mm × 20 mm、15 mm × 30 mm、25 mm × 25 mm、30 mm × 30 mm。

3. 椰壳板的图片（图 8-13、图 8-14、图 8-15）

图 8-13

图 8-14

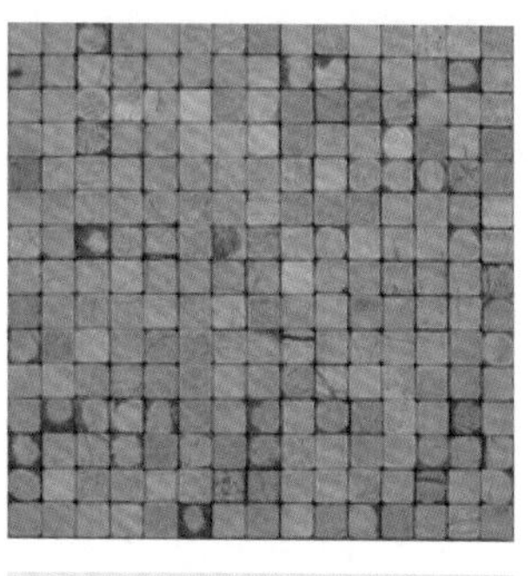
图 8-15

4. 椰壳板的应用

椰壳板给人以自然、古朴、高档而又不奢华的感觉，在室内装饰中可以作为墙面装饰材料来使用（适合中式、东南亚等偏自然沉稳的装饰风格），也可以作为点缀用在背景墙等部位（图 8-16）。

图 8-16

五、装饰水泥板

装饰水泥板是以水泥为主要原材料加工生产的一种建筑平板，是一种介于石膏板和石材之间，可自由切割、钻孔、雕刻的建筑产品，以其优于石膏板和木板的防火、防水、防腐、防虫、隔声性能和远低于石材的价格而成为建筑行业广泛使用的建筑材料（图 8-17）。装饰水泥板有预制的，也有现浇的。

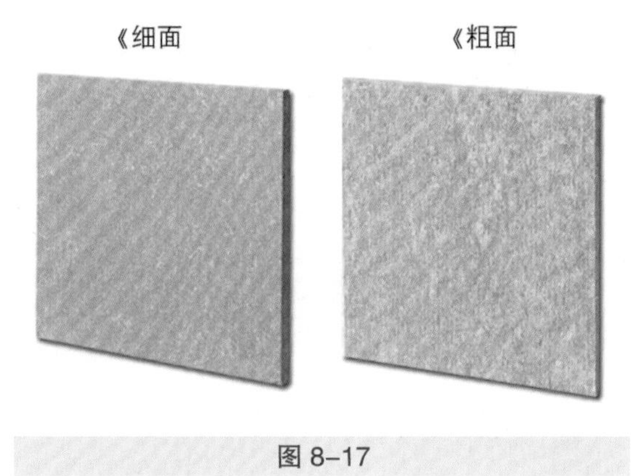

图 8-17

1. 装饰水泥板的分类

装饰水泥板的种类繁多，按档次主要可分为普通水泥板、纤维水泥板、纤维水泥压力板；按强度主要可分为无压板（普通板）、纤维增强水泥板、高密度纤维水泥压力板；按所用纤维主要分为温 石棉纤维水泥板和无石棉纤维水泥板。

（1）普通水泥板。普通水泥板是普遍使用的一种产品，规格以 1 200 mm × 2 400 mm 为主，厚度为 6 ～ 12 mm，主要成分是水泥、粉煤灰、砂子。

（2）纤维水泥板。纤维水泥板，又称纤维增强水泥板，与普通水泥板的主要区别是添加了各种纤维作为增强材料，从而使其强度、柔性、抗折性、抗冲击性等大幅提高。添加的纤维主要有矿物纤维（如石棉）、植物纤维（如纸浆）、合成纤维（如维纶）、人造纤维（如玻璃丝）等。根据添加纤维的不同，又分为温石棉纤维水泥板和无石棉纤维水泥板。

（3）纤维水泥压力板（图 8-18、图 8-19）。纤维水泥压力板的主要区别是在生产过程中使用专用的压机压制而成，具有更高的密度，防水、防火、隔声性能更高，承载、抗折抗冲击性更强。其性能的高低除与原材料、配方和工艺有关外，主要取决于压机压力的大小。

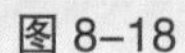
图 8-18

图 8-19

2. 美岩水泥板

美岩水泥板是泰国生产的一种纤维水泥板，与国产的纤维水泥板相比，美岩水泥板质地更加优良；而且美岩水泥板的正面纹理更加细腻，反面则有着和岩石比肩的优质立体感，甚至可以达到人造石材的装饰效果（图 8-20、图 8-21）。

图 8-20

图 8-21

3. 美岩水泥板的特点

（1）质量轻：美岩水泥板的质量是同体积砖墙质量的 1/15 左右，而且更加抗震，因此，多用来砌筑墙体，还可以减少墙体的造价。

（2）保温隔热：美岩水泥板的导热系数低，可以很好的保温隔热。

（3）防火好：美岩水泥板遇火燃烧时，会吸收大量的热，以此来延迟温度的攀升，因此，美岩水泥板具有良好的防火性能。

（4）装饰功能：美岩水泥板的表面平整，可以直接进行装饰，接缝也少，装饰效果美观。

4. 美岩水泥板施工工艺

美岩水泥板有干式施工法和湿式施工法两种施工工艺。在干式施工法中，螺丝使用大头绞利马螺丝，架簧用 0.8 mm 以上的防火镀锌骨料；在湿式施工法中，螺丝使用大头绞利马螺丝，架簧可用 1.0 mm 以上的防火镀锌骨料。

美岩水泥板的外墙处理，要先锁上一层防夹板，然后再粘贴美岩水泥板，最后做表面防水漆的处理。

5. 美岩水泥板的规格

美岩水泥板的规格是 1 200 mm × 2 400 mm 和 1 220 mm × 2 440 mm，但是很多厂家都可以定制，定制的长度从 2 000 mm 到 2 500 mm 不等，宽度则在 1 000 ～ 1 250 mm 范围内。

美岩水泥板的厚度有 2.5 mm、3 mm、5 mm、6 mm、8 mm、9 mm、10 mm、12 mm、15 mm、18 mm 等。从厚度上来说，4 mm 以下的为超薄板、4 ～ 5 mm 为薄板，6 ～ 12 mm 为常规板，15 ～ 30 mm 为厚板，30 mm 以上的为超厚板。

六、抗倍特板

抗倍特板是由英文 Compact Laminate 音译而来，是用装饰色纸含浸树脂，加上多层黑色或褐色牛皮纸含浸酚醛或脲醛树脂层叠后再用钢板在高温高压的环境压制而成 (图 8-22)。抗倍特板的厚度可依据需要调整牛皮纸张数，从 0.6 mm 到 25 mm 皆可制作。

图 8-22

抗倍特板依其表面的色纸层，可满足多种花色选择及单面或双面的装饰需求，因此，可作为装饰材料；又因其厚度较传统防火板更厚，具有坚固、耐冲击、防水、耐潮湿的特性，故也可作为结构材料，且可直接用标准碳钢合金刀具进行钻孔、敲击、砂磨、切割等工作，也可用数据机床（CNC）按实际需求切割成任何所需的形状，并导角、钻孔。

1. 抗倍特板的特点

（1）抗倍特板具有较强的耐候性，无论日照、雨淋和风蚀，还是潮气，对其表面都影响甚微，快速的温度变化也不会影响其外观和特性。

（2）抗倍特板具有较高的弹性模量、抗拉强度和抗弯强度，从而使其有较强的耐冲击性；高密度的芯材给予抗倍特板较高的锚固件抗拔出强度，这种特性对采用螺栓或插件安装方式的板材尤为重要。

（3）抗倍特板具有极好的耐火性，不会融化、滴落或爆炸，并不会释放有毒和腐蚀的气体。

2. 抗倍特板的规格

抗倍特板的规格有 1 220 mm × 1 830 mm、1 220 mm × 2 440 mm、1 220 mm × 3 050 mm、1 220 mm × 3 660 mm、1 525 mm × 1 830 mm、1 525 mm × 3 050 mm、1 525 mm × 3 660 mm、1 600 mm × 3 050 mm、1 600 mm × 3 660 mm。

一般的抗倍特板厚度为 1.6 ～ 25 mm，若有特殊要求，则可以在此基础上做得更薄或更厚。

3. 抗倍特板的应用

抗倍特板适用范围极广，大致可分为以下三种类型：

（1）室内空间使用：因抗倍特板具有耐磨、防火、防菌和防静电等特性，故广泛用于银行和机场等系统的柜台与内墙、公共场所盥洗室内和卫生隔间、车站站台防风墙和长凳、学校桌椅、食堂饭桌和橱柜等（图 8-23 ～图 8-26）。

图 8-23

图 8-24

图 8-25

图 8-26

（2）建筑外墙、景观小品使用：抗倍特板有单色、自然色和金属色等多种系列，色泽鲜艳，美丽持久，可以用于公共设施等外墙和阳台上，以及人员进出繁多的各种设施上（图 8-27 ～图 8-30）。

图 8-27

图 8-28

图 8-29

图 8-30

（3）试验室类型空间使用：因为抗倍特板具有出类拔萃的耐药性，适用于物理试验室、化学试验室、生化试验室和临床实习室等空间的设施，以及研究所和通信室的工作台（图 8-31 ～图 8-34）。

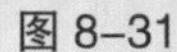

图 8-31

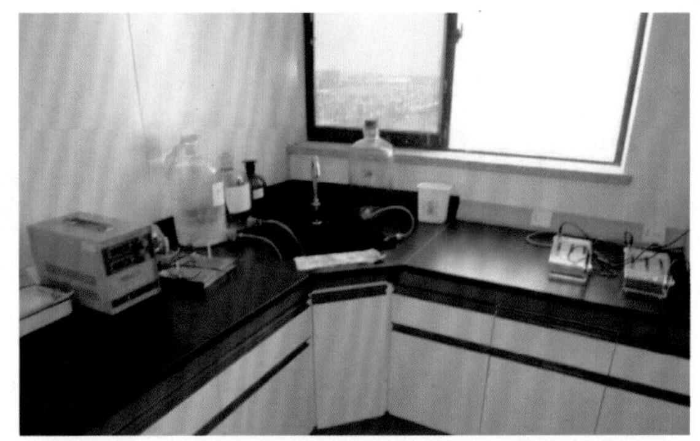

图 8-32

图 8-33

图 8-34

本章小结

本章主要介绍了装饰装修工程一些常用装饰板材，在实际使用过程中要根据不同的空间类型及功能要求选择合适的装饰板材，如防火板、波纹板、波音软片、椰壳板、装饰水泥板、抗倍特板等，因此要求设计人员应熟练掌握不同装饰板材的特性，以便灵活运用。

课后实训

1. 简述抗倍特板的特点及应用范围。
2. 简述装饰水泥板的特点及应用范围。

Chapter 9

第九章 基层材料

知识目标

1. 掌握木龙骨及轻钢龙骨的特点及适用部位。
2. 掌握大芯板、密度板的特征及使用部位。

技能目标

1. 能列举常用的龙骨材料（不少于 3 种），并知道其使用范围。
2. 能列举常用的基层板（不少于 5 种），并知道其使用范围。

第一节 龙骨材料

一、木龙骨

木龙骨（图 9-1）是装饰装修工程中一种常用的材料，有多种型号，用于撑起外部的装饰板，起到支架作用。

图 9-1

1. 木龙骨的特点

木龙骨一般是由软木材经加工而制成，目前市场上多为松木龙骨。木龙骨具有绝缘及可塑性好、韧性和强度较高、易于连接。

2. 木龙骨的规格

木龙骨的长度一般为 4 m，主要有 20 mm × 30 mm、25 mm × 30 mm、30 mm × 40 mm、40 mm × 40 mm、50 mm × 50 mm、40 mm × 60 mm 等多种规格。另外，而且木龙骨可以根据实际需要制作其他的规格尺寸。

3. 木龙骨的应用

（1）木龙骨可以作为木制造型或柜体等的基础骨架（图 9–2、图 9–3）。

（2）木龙骨可以贴波音软片或三厘饰面板，作为木制隔断使用（图 9–4）。

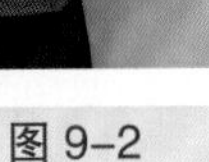

图 9–2

图 9–3

图 9–4

二、轻钢龙骨

轻钢龙骨（图 9–5）是以冷轧连续热镀锌钢带为原料，经冷弯轧制成一定规格的薄壁型钢。轻钢龙骨主要可分为吊顶龙骨和隔墙龙骨两大类。

图 9–5

1. 轻钢龙骨的特点

轻钢龙骨具有强度高、防火、防水、耐腐蚀、质量轻、施工速度快等特点。

2. 轻钢龙骨的规格

轻钢龙骨的长度一般为 3 m，常用吊顶主龙骨的规格尺寸为 38 mm、50 mm；同时，主龙骨可分为上人龙骨和不上人龙骨，隔墙龙骨的规格尺寸为 50 mm、75 mm、100 mm、150 mm 等。常用轻钢龙骨产品规格见表 9–1。

表 9–1　轻钢龙骨产品规格表

产品名称	断面图型	实际尺寸 /mm				适用范围
		A	*B*	*B′*	*t*	
横龙骨（U 形）		50	40	—	0.6/0.8	隔墙与结构主体的连接构件，用做沿顶、沿地龙骨起固定竖龙骨作用
		75	40	—	0.6/0.8/1.0	
		100	40	—	0.6/0.8/1.0	
		150	40	—	0.8/1.0	
		50	35	—	0.6/0.7	
		75	35	—	0.6/0.7	
		100	35	—	0.7	
高边横龙骨（U 形）		50	50	—	0.6/0.7	隔墙高度超过 4.2m 或防火隔墙与楼板的连接构件
		75	50	—	0.6/0.7/0.8/1.0	
		100	50	—	0.7/0.8/1.0	
		150	50	—	0.8/1.0	
竖龙骨（C 形）	（1）（2）	48.5	50	—	0.6/0.8/1.0	隔墙的主要受力构件，为钉挂面板的骨架。立于上下横龙骨之中。（2）、（3）两翼不等边设计，可以直接对扣，增加龙骨骨架强度
		73.5	50	—	0.6/0.8/1.0	
		98.5	50	—	0. 7/0.8/1.0	
		148.5	50	—	0.8/1.0	
	（3）	50	45/47	—	0. 7/0.8	
		75	45/47	—	0. 6/0.7/0.8	
		100	45/47	—	0. 7/0.8	
		150	45/47	—	0. 8/1.0	
通贯龙骨（U 形）		38	12	—	1.0/1.2	竖龙骨的水平连接构件（是否采用通贯龙骨根据规范及设计要求而定）
贴面墙竖向龙骨		60	27	—	0.6	用于贴面墙系统，作为骨架用来钉挂面板
		50	19	—	0.5	
		50	20	—	0.6	

产品名称	断面图型	实际尺寸 /mm				适用范围
		A	*B*	*B′*	*t*	
U 形安装夹（支撑卡）	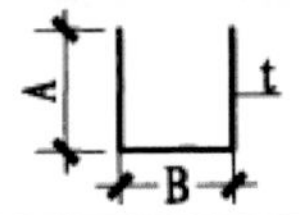	100	50	—	0.8	固定竖向龙骨的构件，距墙距离可调
		125	60			
Z 形减振隔声龙骨	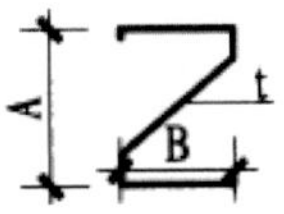	73.5	50	—	0.6	隔声要求较高的场所与 C 形竖龙骨安装方法相同
Ω 减振隔声龙骨	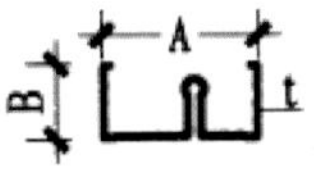	98.5	45	—	0.5/0.6	隔声要求较高的场所与 C 形竖龙骨安装方法相同
MW 减振隔声龙骨		75	50	—	0.6	隔声墙体专用龙骨，组合特殊板材提高隔声量，可以直接龙骨对扣
CH 形龙骨	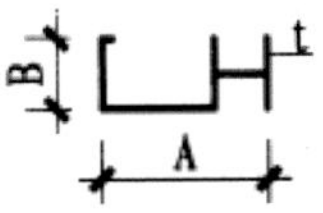	75	42/35	—	0.8/1.0	电梯井及管道井墙专用的竖龙骨
		100	42/35	—		
		146/150	42/35	—		
端墙支撑卡	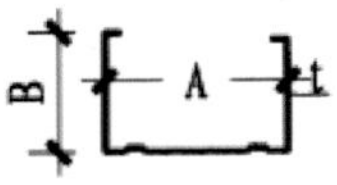	75	45/47	—	0.6	用于隔墙端部，作为通贯龙骨的端部支撑
		100	45/47	—	0.7	
		150	45/47	—	0.8	
J 形龙骨（不等边龙骨）	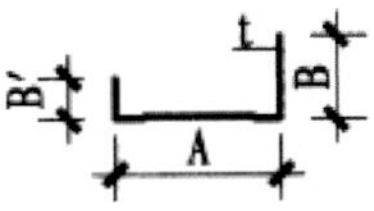	75/78	50/60	25/30	0.6/0.8/1.0	电梯井、管道井横向与结构固定构件
		100/103	50/60	25/30		
		150/149	50/60	25/30		
E 形竖龙骨	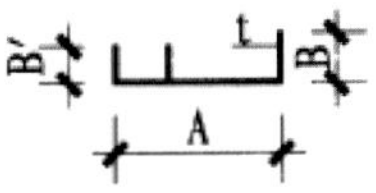	75	30	20	0. 8/1.0	井道墙和建筑结构的连接构件，作为井道墙的边框龙骨
		100	30	20		
		146	30	20		
平行接头	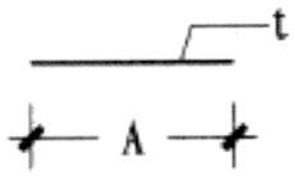	82	—	—	0. 6	连接竖龙骨的构件。用于面板水平接缝时连接，也可双层使用，协助将轻质设备固定到面板上

产品名称	断面图型	实际尺寸 /mm				适用范围
		A	*B*	*B′*	*t*	
边龙骨		20	30	20	0. 6	用于贴面墙系统，安装在楼板下和地面上，用来固定覆面龙骨
角龙骨（L 形）		30	23	—	0.6	制作曲面墙时，代替横龙骨固定在结构上，也可作为拱形门窗洞口处板材的固定

3. 轻钢龙骨的应用

轻钢龙骨与石膏板配合使用，其防火等级为 A 级不燃材料，因此，被广泛应用在大型公共空间、别墅等。

三、角钢

角钢（图 9–6）俗称角铁，是两边互相垂直的长条钢材。角钢有等边角钢和不等边角钢之分。

图 9–6

1. 角钢的特点

角钢具有强度高、防火、防水、耐久性好、韧性高、切割方便等特点。

2. 角钢的规格

角钢的长度一般为 6 m，其规格以边宽 × 边宽 × 边厚的毫米数表示（图 9–7）。如“L30 × 30 × 3”，即表示边宽为 30 mm、边厚为 3 mm 的等边角钢。也可用型号表示，型号是边宽的厘米数，如 L3 号 #、L4#、L5#。

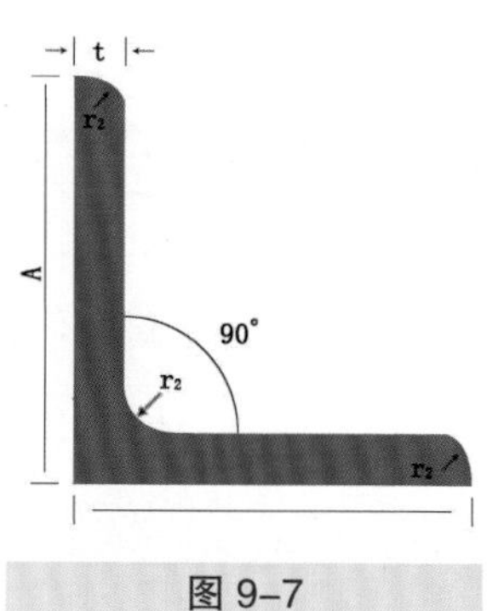

图 9–7

3. 角钢的应用

角钢可按结构的不同需要组成各种不同的受力构件，也可用作构件之间的连接件。角钢广泛使用于各种建筑结构和工程结构，如梁、屋架等。

4. 角钢的规格

等边角钢理论质量表见表 9–2，不等边角钢质量表见表 9–3。

表 9–2　等边角钢理论质量表

型号	明细规格	理论质量（kg · m^{-1}）
2.5#	25 × 25 × 3	1.124
	25 × 25 × 4	1.459
3#	30 × 30 × 3	1.373
	30 × 30 × 4	1.786
4#	40 × 40 × 3	1.852
	40 × 40 × 4	2.422
	40 × 40 × 5	2.976
5#	50 × 50 × 4	3.059
	50 × 50 × 5	3.770
	50 × 50 × 6	4.465
6#	60 × 60 × 5	4.570
	60 × 60 × 6	5.420
6.3#	63 × 63 × 5	4.822
	63 × 63 × 6	5.721
	63 × 63 × 7	7.469
7#	70 × 70 × 5	5.397
	70 × 70 × 6	6.406
	70 × 70 × 7	7.398
	70 × 70 × 8	8.373
7.5#	75 × 75 × 5	5.818
7.5#	75 × 75 × 6	6.905
	75 × 75 × 7	7.976
	75 × 75 × 8	9.030
	75 × 75 × 10	11.089
8#	80 × 80 × 6	7.376
	80 × 80 × 8	9.658
	80 × 80 × 10	11.874
9#	90 × 90 × 8	10.946
	90 × 90 × 10	13.476
	90 × 90 × 12	15.940
10#	100 × 100 × 6	9.366
	100 × 100 × 8	12.276
	100 × 100 × 10	15.120
	100 × 100 × 12	17.898
11#	110 × 110 × 8	13.532
	110 × 110 × 10	16.690
	110 × 110 × 12	19.782
	110 × 110 × 14	22.809
12.5#	125 × 125 × 8	15.504
	125 × 125 × 10	19.133
	125 × 125 × 12	22.696
	125 × 125 × 14	26.193
14#	140 × 140 × 10	21.488
	140 × 140 × 12	25.522
	140 × 104 × 14	29.490
16#	160 × 160 × 12	29.391
	160 × 160 × 14	33.987
	160 × 160 × 16	38.518

型号	明细规格	理论质量（kg・m⁻¹）	型号	明细规格	理论质量（kg・m⁻¹）
16#	160 × 160 × 18	48.634	20#	200 × 200 × 14	42.894
18#	180 × 180 × 12	33.159		200 × 200 × 16	48.680
18#	180 × 180 × 14	38.383		200 × 200 × 18	54.401
	180 × 180 × 16	43.542		200 × 200 × 20	60.056
	180 × 180 × 18	48.634			

表 9–3 不等边角钢质量表

型号	明细规格	理论质量（kg・m⁻¹）	型号	明细规格	理论质量（kg・m⁻¹）
2.5/16	25 × 16 × 3	0.912	7.5/5	75 × 50 × 6	5.699
	25 × 16 × 4	1.176		75 × 50 × 8	7.431
3.2/2	32 × 20 × 3	1.171		75 × 50 × 10	9.098
	32 × 20 × 4	1.522	8/5	80 × 50 × 5	5.005
4/2.5	40 × 25 × 3	1.484		80 × 50 × 6	5.935
	40 × 25 × 4	1.936		80 × 50 × 7	6.848
4.5/2.8	45 × 28 × 3	1.687		80 × 50 × 8	7.745
	45 × 28 × 4	2.203	9/5.6	90 × 50 × 5	5.661
5/3.2	50 × 32 × 3	1.908		90 × 50 × 6	6.717
	50 × 32 × 4	2.494		90 × 50 × 7	7.756
5.6/3.6	56 × 36 × 3	2.153		90 × 50 × 8	8.779
	56 × 36 × 4	2.818	10/6.3	100 × 63 × 6	7.550
	56 × 36 × 5	3.466		100 × 63 × 7	8.722
6.3/4	63 × 40 × 4	3.185		100 × 63 × 8	9.878
	63 × 40 × 5	3.920		100 × 63 × 10	12.142
	63 × 40 × 6	4.638	10/8	100 × 80 × 6	8.350
	63 × 40 × 7	5.339		100 × 80 × 7	9.656
7/4.5	70 × 45 × 4	3.570		100 × 80 × 8	10.946
	70 × 45 × 5	4.403		100 × 80 × 10	13.476
	70 × 45 × 6	5.218	11/7	110 × 70 × 6	8.350
7/4.5	70 × 45 × 7	6.011		110 × 70 × 7	9.656
7.5/5	75 × 50 × 5	4.808		110 × 70 × 8	10.946

型号	明细规格	理论质量（kg·m^{-1}）
11/7	110×70×10	13.476
12.5/8	125×80×7	11.066
	125×80×8	12.511
	125×80×10	15.474
	125×80×12	18.330
14/9	140×90×8	14.160
14/9	140×90×10	17.475
	140×90×12	20.724
	140×90×14	23.908
16/10	160×100×10	19.872
	160×100×12	23.592
16/10	160×100×14	27.247
	160×100×16	30.835
18/11	180×110×10	22.273
	180×110×12	26.464
	180×110×14	30.589
	180×110×16	34.649
20/12.5	200×125×12	29.761
	200×125×14	34.436
	200×125×16	39.045
	200×125×18	43.588

四、方（矩）形钢管

方形钢管简称方管，是方形管材的一种称呼，也就是边长相等的矩形钢管，由带钢经过工艺处理卷制而成（图 9–8）。其一般是将带钢经过拆包、平整、卷曲、焊接形成圆管，再由圆管轧制成方形管，然后剪切成需要的长度。方管有无缝和焊缝之分，无缝方管是由无缝圆管挤压成型而成。

图 9–8

1. 方管的分类和性能

（1）工艺分类。方管按生产工艺可分为热轧无缝方管、冷拔无缝方管、挤压无缝方管、焊接方管等。其中，焊接方管又可分为以下几项：

1）按焊接工艺可分为电弧焊方管、电阻焊方管（高频、低频）、气焊方管、炉焊方管等。

2）按焊缝可分为直缝焊方管、螺旋焊方管等。

（2）材质分类。方管按材质可分为普通碳素钢方管、低合金方管等。其中，普通碳素钢可分为

Q195、Q215、Q235、SS400、20 号钢、45 号钢等；低合金钢可分为 Q345、16Mn、Q390、ST52-3 等。

（3）生产标准分类。方管按生产标准可分为国标方管、日标方管、英制方管、美标方管、欧标方管、非标方管等。

（4）断面形状分类。方管按断面形状可分为简单断面方管（方形方管、矩形方管）和复杂断面方管（花形方管、开口形方管、波纹形方管、异形方管）。

（5）表面处理分类。方管按表面处理可分为热镀锌方管、电镀锌方管、涂油方管、酸洗方管等。

（6）用途分类。方管按用途分类可分为装饰用方管、机床设备用方管、机械工业用方管、化工用方管、钢结构用方管、造船用方管、汽车用方管、钢梁柱用方管、特殊用途方管等。

（7）壁厚分类。方管按壁厚可分为超厚壁方管、厚壁方管和薄壁方管等。

2. 方管的常用规格

方形钢管常用规格（mm）：

500 × 500 ×（8~25）、450 × 450 ×（8~25）、400 × 400 ×（8~25）、350 × 350 ×（8~25）、300 × 300 ×（8~25）、280 × 280 ×（8~25）、250 × 250 ×（8~25）、220 × 220 ×（8~25）、200 × 200 ×（8~25）、180 × 180 ×（7~20）、160 × 160 ×（5~16）、150 × 150 ×（5~14）、140 × 140 ×（4~14）、135 × 135 ×（4~14）、130 × 130 ×（4~12）、120 × 120 ×（4~12）、110 × 110 ×（4~12）、100 × 100 ×（4~12）、80 × 80 ×（4~12）、60 × 60 ×（4~12）、50 × 50 ×（4~12）、40 × 40 ×（4~10）、30 × 30 ×（2~6）、20 × 20 ×（2~4）。

矩形钢管规格（mm）：

400 × 600 ×（6.0~16）、300 × 500 ×（6.0~16）、200 × 500 ×（6.0~16）、200 × 400 ×（6.0~16）、200 × 350 ×（6.0~16）、200 × 300 ×（6.0~14）、150 × 300 ×（5.0~14）、150 × 250 ×（5.0~14）、350 × 250 ×（5.0~14）、150 × 200 ×（3.0~12）、100 × 300 ×（4.0~12）、100 × 200 ×（3.0~12）、100 × 150 ×（3.0~12）、80 × 160 ×（3.0~8.0）、80 × 140 ×（3.0~8.0）、80 × 120 ×（2.5~8.0）、80 × 100 ×（2.0~8.0）、60 × 140 ×（3.0~6.0）、60 × 120 ×（2.5~6.0）、60 × 100 ×（2.5~6.0）、60 × 100 ×（2.5~6.0）、60 × 80 ×（2.0~5.0）、50 × 90 ×（3.0~4.0）、50 × 150 ×（3.0~6.0）、50 × 120 ×（3.0~6.0）、50 × 100 ×（1.5~5.0）、50 × 80 ×（2.0~5.0）、50 × 70 ×（1.5~5.0）。

五、槽钢

槽钢是截面为凹槽形的长条钢材，属建造用和机械用碳素结构钢，是复杂断面的型钢钢材（图 9-9）。槽钢主要用于建筑结构、幕墙工程、机械设备和车辆制造等。

图 9-9

1. 槽钢分类

槽钢分普通槽钢和轻型槽钢。热轧普通槽钢的规格为 5~40 号 #。槽钢主要用于建筑结构、车辆制造、其他工业结构和固定盘柜等，槽钢还常常和工字钢配合使用。槽钢按形状又可分为 4 种：冷弯等边槽钢、冷弯不等边槽钢、冷弯内卷边槽钢、冷弯外卷边槽钢。

依照钢结构的理论来说，应该是槽钢翼板受力，就是说槽钢应该立着，而不是趴着。

2. 槽钢规格

槽钢的规格见表 9–4。

表 9–4 槽钢的规格

规格	高度	腿宽	腰厚	截面面积 /cm^2	理论质量 / ($kg \cdot m^{-1}$)
5#	50	37	4.5	6.925	5.44
6.3#	63	40	4.8	8.446	6.63
6.5#	65	40	4.3	8.292	6.51
8#	80	43	5.0	10.24	8.04
10#	100	48	5.3	12.74	10.0
12#	120	53	5.5	15.36	12.1
12.6	126	53	5.5	15.69	12.3
14#a	140	58	6.0	18.51	14.5
14#b	140	60	8	21.31	16.7
16#a	160	63	6.5	21.962	17.2
16#b	160	65	8.5	25.162	19.8
18#a	180	68	7	25.699	20.2
18#b	180	70	9	29.299	23
20#a	200	73	7	28.837	22.637
20#b	200	75	9	32.837	25.777
22#a	220	77	7	31.846	24.999
22#b	220	79	9	36.246	28.453
25#a	250	78	7	34.917	27.41
25#b	250	80	9	39.917	31.335
25#c	250	82	11	44.917	35.26
28#a	280	82	7.5	40.034	31.427
28#b	280	84	9.5	45.634	35.832
28#c	280	86	11.5	51.234	40.219
30#a	300	85	7.5		34.463
30#b	300	87	9.5		39.173
30#c	300	89	11.5		43.883
32#a	320	88	8	48.513	38.083

规格	高度	腿宽	腰厚	截面面积 /cm²	理论质量 / (kg · m⁻¹)
32#b	320	90	10	54.913	43.107
32#c	320	92	12	61.313	48.131
36#a	360	96	9	60.910	47.814
36#b	360	98	11	68.110	53.466
36#c	360	100	13	75.310	59.118
40#a	400	100	10.5	75.068	58.928
40#b	400	102	12.5	83.068	65.208
40#c	400	104	14.5	91.068	71.488

第二节　基层面板

一、细木工板

细木工板（俗称大芯板）（图 9–10）是具有实木板芯的胶合板，是将原木切割成条，拼接成芯，外贴面材加工而成。其竖向（以芯板材走向区分）抗弯压强度差，但横向抗弯压强度较高。质量好的细木工板的表面平整光滑，不易翘曲变形，并可根据表面光滑情况将板材分为一面光和两面光两种类型。两面光的板材可用作家具面板、门窗套框等部位的装饰材料。

图 9–10

1. 细木工板的特点

细木工板握螺钉力强，强度高，具有质坚、吸声、绝热等特点，而且含水率不高，在 10% ～ 13% 之间，加工简便，用途较为广泛。

2. 细木工板的规格

大芯板的规格为 1 220 mm × 2 440 mm × 15/18 mm。

3. 细木工板的应用

细木工板易于加工，可以作为木饰面的基层板、门板、背板等。

二、欧松板

欧松板（图 9–11、图 9–12）是一种新型环保建筑装饰材料。其是以小径材、间伐材、木芯为原料，通过专用设备加工成长度为 40 ～ 100 mm、宽度为 5 ～ 20 mm、厚度为 0.3 ～ 0.7 mm 的刨片，经脱油、干燥、施胶、定向铺装、热压成形等工艺制成的一种定向结构板材。其表层刨片呈纵向排列，芯层刨片呈横向排列，这种纵横交错的排列，重组了木质纹理结构，彻底消除了木材内应力对加工的影响，使其具有非凡的易加工性和防潮性。由于欧松板内部为定向结构，无接头、无缝隙、裂痕，整体均匀性好，内部结合强度较高，所以，无论中央还是边缘都具有普通板材无法比拟的超强握钉能力（侧边除外）。欧松板在北美、欧洲、日本等发达国家已广泛用于建筑、装饰、家具、包装等领域，是细木工板、胶合板的升级换代产品。

图 9–11

图 9–12

1. 欧松板的特点

欧松板比细木工板的握螺钉力强，甲醛含量低（相当于天然木材），易于加工。

2. 欧松板的规格

欧松板的规格为 1 220 mm × 2 440 mm × 9/12/15/18 mm。

3. 欧松板的应用

欧松板表面纹理美丽自然，直接涂刷清漆即可使用，可以直接制作家具或作为饰面材料使用（图 9–13、图 9–14）。

图 9–13

图 9–14

三、密度板

密度板（图 9–15）也称位纤维板，是人造板或复合板的一种。密度板是将板皮、木块、树皮、刨花等废料或其他植物纤维（如稻草、芦苇、麦秸等）经过破碎、浸泡、研磨成木浆，热压成形的人造板材。

图 9–15

密度板可分为硬质纤维板和半硬质纤维板两类。

1. 硬质纤维板

（1）硬质纤维板的特点：俗称高密板，其密度不应小于 0.8 g/cm^3，强度高，物质构造均匀，质地坚硬，吸水性和吸湿率低，不易干缩和变形，可代替木板使用。

（2）硬质纤维板的规格：硬质纤维板的规格一般为 1 220 mm × 1 830 mm、1 220 mm × 2 440 mm，厚度为 10 mm、12 mm、15 mm、18 mm、20 mm、25 mm。

（3）硬质纤维板的用途：硬质纤维板通常用作室内隔墙板、门芯板、踢脚板、制作家具和各种装饰线条等。

2. 半硬质纤维板

（1）半硬质纤维板的特点：俗称中密度板，密度为 0.4 ～ 0.8 g/cm^3，按外观质量可分为特级品、一级品和二级品三个等级。表面光滑，材质细密，性能稳定。

（2）半硬质纤维板的规格：半硬质纤维板的规格一般为 1 220 mm × 1 830 mm、1 220 mm × 2 440 mm，厚度为 3 mm、6 mm、8 mm、10 mm。

（3）半硬质纤维板的用途：半硬质纤维板通常用作室内墙板、门芯板、隔断板、制作家具等。

四、奥松板

奥松板（图 9–16）是一种进口的密度板，主要产于新西兰、澳大利亚。奥松板主要以原产地的松木为原料，经切片、蒸煮、纤维分离、干燥等工艺后，施加脲醛树脂或其他适用的胶粘剂，再经过热压制成。其制作流程和国内普通密度板相似，区别在于奥松板仅使用原生新西兰松木这一单一树种作为原料木材，确保了优良的产品色泽、质地均衡统一，也能够确保所用纤维线的连续性。

图 9–16

奥松板具有较高的内部结合强度，每张板的板面均经过高精度的砂光，确保光洁度。其天然纤维不但使板材表面具有天然木材的强度和各种优点，同时又避免了天然木材的缺陷，是密度板的升级换代产品。

五、刨花板

刨花板也称为颗粒板（图 9–17），是将各种枝芽、小径木、速生木材、木屑等切削成一定规格的碎片，经过干燥，拌以胶料、硬化剂、防水剂等，在一定的温度压力下压制成的一种人造板。

图 9–17

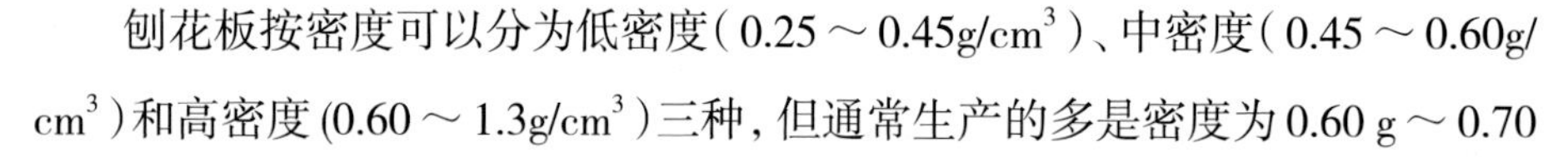

刨花板按密度可以分为低密度（0.25 ～ 0.45g/cm^3）、中密度（0.45 ～ 0.60g/cm^3）和高密度(0.60 ～ 1.3g/cm^3）三种，但通常生产的多是密度为 0.60 g ～ 0.70 g/cm^3 的刨花板。按板坯结构，刨花板可分为单层、三层（包括多层）和渐变三种结构。按耐水性，刨花板可分为室内耐水类和室外耐水类。按刨花在板坯内的排列方式，刨花板可分为定向型和随机型两种。另外，还有采用非木材材料，如棉秆、麻秆、蔗渣、稻壳等所制成的各种刨花板，以及用无机胶粘材料制成的水泥木丝板、水泥刨花板等。刨花板的规格较多，厚度为 1.6 ～ 75 mm 不等，以 19 mm 为标准厚度。工艺性质方面，刨花板具有可切削性、可胶合性、油漆涂饰性等特点。对特殊用途的刨花板，还要按不同用途分别考虑电学、声学、热学和防腐、防火、阻燃等性能。

1. 刨花板的特点

刨花板具有质量轻、强度低、隔声、保温、耐久、防虫等特点。

2. 刨花板的规格

刨花板的规格一般为 1 220 mm × 1 830 mm、1 220 mm × 2 440 mm，厚度为 16 mm、19 mm、22 mm、25 mm。

3. 刨花板的用途

刨花板适用于室内墙面、隔断、顶棚等处的装饰用基面板。其中，热压树脂刨花板表面可粘贴塑料贴面或胶合板作饰面层，这样既增加了板材的强度，又能使板材具有装饰性。刨花板制作的家具不仅美观，而且价格比实木家具低很多。

六、胶合板

图 9–18

胶合板（图 9–18）是用原木旋切成薄木片，经干燥处理后用胶粘剂以各层纤维相垂直的方向黏合、热压制成。胶合板的木片层数为奇数，一般为三合板到十五合板。装饰工程中常用三合板、五合板、七合板、九合板等。

1. 胶合板的特点

（1）板材幅面大，易于加工。

（2）板材纵横向强度均匀，适用性强。

（3）板面平整，收缩小，避免了木材开裂、翘曲等缺陷。

（4）板材厚度按需要选择，木材利用效率较高。

2. 胶合板的规格

胶合板的规格一般为 1 220 mm × 2 440 mm。厚度有 3 mm、5 mm、7 mm、9 mm、12 mm、15 mm 等。

3. 胶合板的用途

胶合板主要用于室内装饰的隐蔽工程及家具制作等。

第三节　装饰水泥

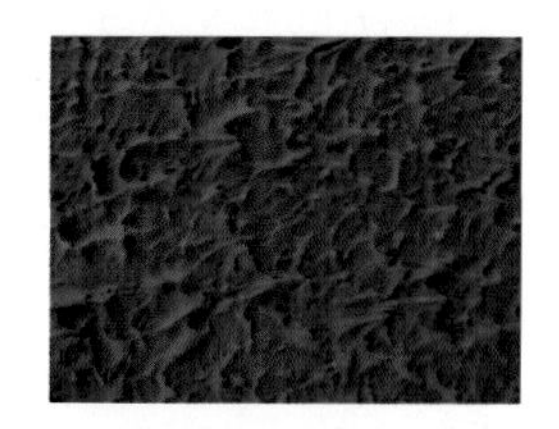

图 9–19

水泥（图 9–19）是以石灰石和黏土为主要原料，经破碎、配料、磨细制成生料，装入水泥窑中煅烧成熟料，加入适量石膏（有时还掺加混合材料或外加剂）磨细而成。水泥加水搅拌后成浆体，能在空气中硬化或在水中更好的硬化，并能将砂、石等材料牢固地胶结在一起。水泥是重要的建筑材料，用水泥制成的砂浆或混凝土，坚固耐久，广泛应用于土木建筑、水利、国防建设等工程。

1. 装饰水泥的特点

装饰水泥常用于建筑物装饰的表层，施工简单，造型方便，容易维修，价格便宜。

2. 装饰水泥的种类

（1）白色硅酸盐水泥：以硅酸钙为主要成分，加少量铁质熟料及适量石膏磨细而成。

（2）彩色硅酸盐水泥：以白色硅酸盐水泥熟料和优质白色石膏，掺入颜料、外加剂共同磨细而成。常用的彩色掺加颜料有氧化铁（红、黄、褐、黑）、二氧化锰（褐、黑）、氧化铬（绿）、钴蓝（蓝）、群青蓝（靛蓝）、孔雀蓝（海蓝）、炭黑（黑）等。

3. 装饰水泥的应用

（1）水泥是瓷砖、马赛克等施工中常用的一种勾缝材料，尤其以白色硅酸盐水泥最为常用（图 9–20）。

（2）"水泥拉毛"是可以将各种颜色的水泥作为装饰材料的一种常见工艺做法，由于其特殊的机理感，备受设计师的青睐（图 9–21）。

图 9–20

图 9–21

本章小结

本章主要介绍了各类基层材料及各类龙骨的规格及特点，并对其在实际工程中的应用也进行了简单的介绍。在不同的使用部位，基层材料的使用都有着相应的规范要求，所以了解各类基层材料的特性对其在实际工程如何使用起到很大的作用。

课后实训

1. 写出 5 种常用的基层板材种类及其常用规格。
2. 写出 3 种常用的龙骨材料及常用规格。
3. 请写出下列板材的名称。

(　　　　　　)

(　　　　　　)

(　　　　　　)

(　　　　　　)

第十章 其他装饰材料

Chapter 10

知识目标

1. 掌握涂料类装饰材料的施工工艺流程。
2. 掌握马赛克的种类及施工工艺流程。
3. 了解其他装饰材料的特点及适用范围。

技能目标

1. 能根据涂胶漆的特点组织进行施工。
2. 能列举出常用马赛克的名称（不少于 4 种）。
3. 能进行自流平地面的施工并组织验收。

第一节 涂料类

一、乳胶漆

乳胶漆和油漆统称为涂料。涂敷于物体表面，能与基体材料很好粘结并形成完整而坚韧保护膜的物料称为涂料。涂料施工效率高，一般刷涂可达 25 m^2/ 工作日，喷涂可达 60 m^2/ 工作日。

乳胶漆（图 10–1）又称为合成树脂乳液涂料，是有机涂料的一种，是以合成树脂乳液为基料，加入颜料、填料及各种助剂配制而成的一类水性涂料。乳胶漆的颜色经过调和后可以有上百种颜色，需要注意的是，颜色越深调和起来越难，其价格越贵（图 10–2）。

乳胶漆可分为外墙漆和内墙漆两大类，按表面效果可分为普通漆和机理漆。

1. 乳胶漆的特点

乳胶漆色泽纯正、光泽柔和、漆膜坚韧、附着力强、干燥快、防霉耐水，耐候性好，遮盖力高且

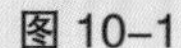

图 10-1

图 10-2

颜色丰富，施工速度快。

2. 乳胶漆的规格

乳胶漆分为大桶漆和小桶漆，底漆只有小桶。大桶为 18 L，小桶为 5 L。

3. 乳胶漆的工艺

乳胶漆涂刷前需要进行基层处理，包括石膏粉找平，刷界面剂封底，披、刮耐水腻子，打磨，然后再涂刷一遍底漆，两遍面漆（如遇到砂灰墙、隔墙、施工通道门或墙体开裂处，应在必要位置贴玻璃纤维布或牛皮纸后再进行施工）。

4. 乳胶漆的应用

乳胶漆色彩丰富，涂刷容易，而且价格较低，是室内装修中最为常见的一种装饰材料（图 10-3、图 10-4）。

图 10-3

图 10-4

肌理漆同样有着乳胶漆的优点，而且肌理感强，与其他材料搭配使用可以增加空间的视觉冲击力（图 10-5、图 10-6）。

图 10-5

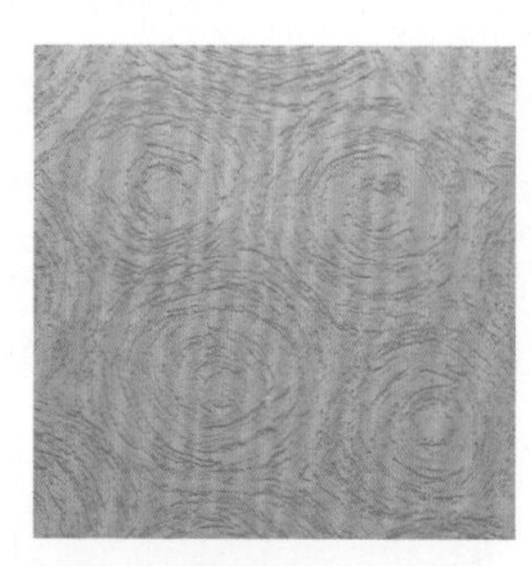

图 10-6

二、硅藻泥

硅藻泥（图 10–7）的主要原料是天然的泥土与矿物质，其对光线的折射及自然的饰面效果能够使人的眼部视觉神经充分放松。硅藻泥以传统工艺法施工，饰面效果淳朴、自然，质感亲切、真实，引领家居回归自然。

图 10–7

1. 硅藻泥的特点

由于原料的天然特性，使得硅藻泥表面无静电、不粘尘，更不会氧化退色，多孔的蜂窝状结构使其具有良好的净化空气、隔热、吸声、调湿及防火阻燃等特性。而且随着岁月流转，时间越久其表面质感越显独特。

2. 硅藻泥的图案

硅藻泥的图案如图 10–8 ～图 10–13 所示。

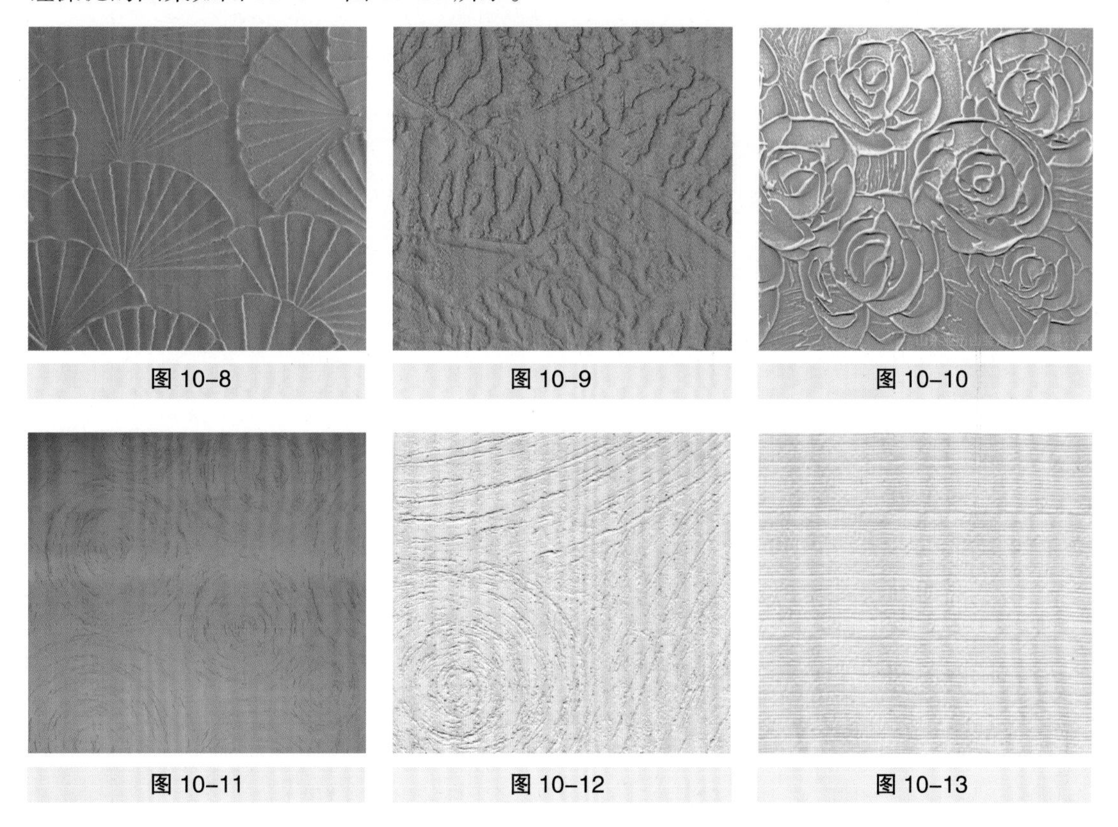

图 10–8　图 10–9　图 10–10

图 10–11　图 10–12　图 10–13

3. 硅藻泥的应用

（1）硅藻泥可分为内墙用和外墙用两种。其效果和肌理感都较好，而且有着大自然的味道，还能净化空气中的甲醛。因此，特别适用于自然风格的装修（图 10–14、图 10–15）。

（2）硅藻泥可以用于吧台、室内的顶面与墙面等部位的装饰（图 10–16 ～图 10–19）。

图 10–14

图 10–15

图 10–16

图 10–17

图 10–18

图 10–19

三、液体壁纸

液体壁纸（图 10–20）也称为壁纸漆，是集壁纸和乳胶漆优点于一身的环保水性涂料，可根据装修者的意愿创造不同的视觉效果，既克服了乳胶漆色彩单一、无层次感的缺陷，又避免了壁纸易变色、翘边、有接缝等缺点，是一种绿色环保型材料。

图 10-20

1. 液体壁纸的特点

（1）液体壁纸与基层乳胶漆附着牢固，不易起皮。

（2）液体壁纸无接缝、不会开裂。

（3）液体壁纸性能稳定，耐久性好，不变色。

（4）液体壁纸防水耐擦洗，并且抗静电，不易附着灰尘。

（5）液体壁纸二次施工时涂刷涂料即可覆盖。

（6）液体壁纸颜色可调，色彩丰富。

（7）液体壁纸图案丰富，便于个性设计。

（8）液体壁纸以珠光原料为颜料，能产生变色效果。

（9）液体壁纸为水性漆，无毒、无味，使用安全。

2. 液体壁纸的施工工艺

液体壁纸施工前，应对墙体进行找平等基层处理，然后涂刷液体壁纸，液体壁纸本身需经搅拌、加料、刮涂、收料、对花、补花等工序加工而成，具体内容如下：

（1）搅拌：在液体壁纸刮涂前先将产品打开，用搅拌棒对涂料进行充分搅拌，如果有气泡应将液体壁纸静置 10 min 左右，待气泡消失。

（2）加料：将适当的涂料放于印刷工具的内框上（图 10-21）。

图 10-21

（3）刮涂：将印刷工具置于墙角处，印刷模具的模面紧贴墙面，然后用刮板进行涂刮。

（4）收料：将每一个花形刮涂完成后，收尽模具上多余的涂料，提起模具时应垂直于墙面起落。

（5）对花：套模时，根据花形的列距和行距使横、竖、斜都成一条线。以模具外框贴近已经印好花形的最外缘，找到参照点后涂刮，并依此类推至整个墙面，可以通过模具的外框找到参照点。

（6）补花：当墙面在纵向和横向不够套模时应使用软模补足。

3. 液体壁纸的应用

液体壁纸可以应用在壁纸和乳胶漆所适用的空间与部位，而且由于液体壁纸不怕水、易清洗，因此，在卫生间等潮湿部位也可以使用液体壁纸。

四、真石漆

真石漆（图 10-22）是外观如石头一样的一种漆类涂料，吸附在建筑物表面上，使其有花岗岩一样的外观，具有自然、稳重、气派的表面及石头的原貌。它是完全采用天然碎石及其本色与高级水溶性物质结合使用，喷涂在物体表面上而恢复石头外观，因此，真石漆不受物体表面的尺寸限制。同时，真石漆有许多色彩可供选择与配色，施工快速、方便。

图 10-22

1. 真石漆的特点

（1）真石漆色彩丰富高贵、光泽优雅、立体感强，具有天然的美感。

（2）真石漆由防潮底漆、天然麻石漆、防水面漆复合而成，具有优良的耐久性及耐刷洗性能，并且耐长期雨淋日晒，优于其他外墙涂料。

（3）真石漆适用于混凝土、砂浆、灰浆墙面、石膏板、木、岩石板材、钢、铝等基础材料。

2. 真石漆的图片（图 10-23、图 10-24）

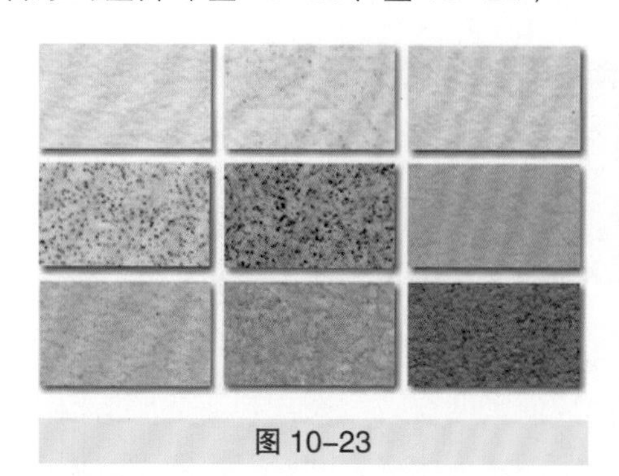

图 10-23

图 10-24

3. 真石漆的应用

真石漆可以喷涂在多种物体的表面上，而且有着石头的质感。因此，在外墙、室内顶棚、墙面等部位都可以使用（图 10–25、图 10–26）。

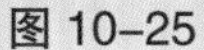

图 10–25

图 10–26

第二节　马赛克

马赛克（图 10–27）是已知最古老的装饰艺术之一，又称为纸皮砖，发源于古希腊。其是使用小瓷砖或小陶片拼成各种装饰图案。在现代，马赛克更多的是属于瓷砖的一种，是一种特殊存在方式的砖，坯料经半干压成形，在窑内焙烧成锦砖。泥料中有时用 CaO、Fe_2O_3 等作为着色剂。一般由数十小块的砖拼成一块相对大的砖。马赛克以小巧玲珑、色彩斑斓的特点被广泛使用于室内地面、墙面和室外墙面与地面。马赛克由于体积较小，在拼图时可以产生渐变效果。

图 10–27

马赛克按照材质、工艺可分为若干不同的种类，如按照其材质可分为玻璃马赛克、石材马赛克、陶瓷马赛克、金属马赛克、贝壳马赛克等。

一、玻璃马赛克

玻璃马赛克又称玻璃纸皮砖，是一种小规格的彩色饰面玻璃，属于各种颜色的小块玻璃质镶嵌材料。

外观有无色透明的，着色透明的，半透明的，带金、银色斑点、花纹或条纹的。玻璃马赛克正面光泽滑润、细腻，背面带有较粗糙的槽纹，以便用砂浆粘贴（图 10–28 ～图 10–30）。

图 10–28

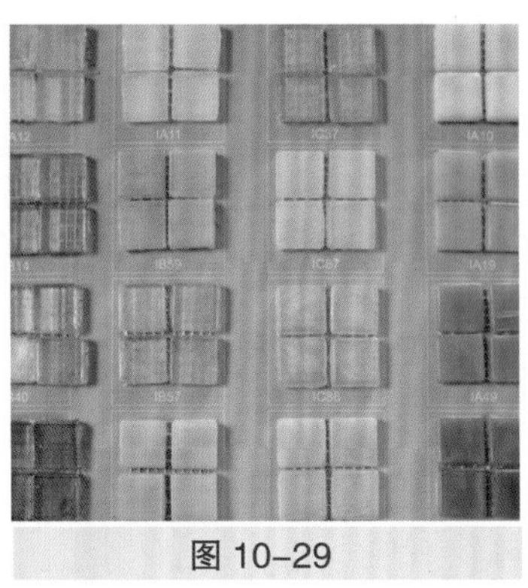
图 10–29

图 10–30

1. 玻璃马赛克的性能

玻璃马赛克具有色调柔和、朴实、典雅、美观大方、化学稳定性及冷热稳定性好等优点，而且还有不变色、不积尘、密度小、粘结牢等特性，多用于室内局部及阳台外侧装饰。其抗压强度、抗拉强度、耐水和耐酸性能均应符合相关国家标准。

2. 玻璃马赛克的规格

玻璃马赛克的一般规格有 20 mm × 20 mm、30 mm × 30 mm、40 mm × 40 mm，厚度为 4 ～ 6 mm。

二、大理石马赛克

大理石马赛克是使用大理石创造出的图案。大理石马赛克一般由数十小块的砖组成一块相对大的砖，其以小巧玲珑、色彩斑斓的特点被广泛使用于室内外墙地面（图 10–31）。

图 10–31

大理石马赛克主要用于墙面和地面的装饰。由于马赛克单颗的面积较小，色彩种类繁多，具有无穷的组合方式，因而能将设计师的造型和设计灵感表现得淋漓尽致，尽情展现出其独特的艺术魅力和个性气质。大理石马赛克被广泛应用于宾馆、酒店、酒吧、车站、游泳池、娱乐场所、居家墙地面及艺术拼花等。

三、陶瓷马赛克

陶瓷马赛克（图 10–32）以其精细、玲珑的姿态，复古、典雅的风格在其他琳琅满目的大方瓷砖中显得更是显眼。有些陶瓷马赛克表面打磨形成不规则边，造成岁月侵蚀的模样，以塑造历史感和自然感。这类马赛克既保留了陶瓷的质朴、厚重，又不乏瓷瓷的细腻、润泽，亮点在于其深厚的文化内涵。设计师一般喜欢将陶瓷马赛克设计成卫生间主题墙上瓷砖墙面的腰线。

图 10–32

1. 陶瓷马赛克的性能

陶瓷马赛克烧制出的色彩丰富，用各种颜色搭配拼贴成图案，镶贴在墙上可以做画，铺于地面可起到地毯的装饰作用。陶瓷马赛克给人的感觉大多是比较高贵、典雅，仿古效果极佳，适合古典风格的装饰。陶瓷马赛克对于应用于不同场合的产品有不同的质量要求，铺于地面的耐磨指数应高于墙面马赛克。

2. 陶瓷马赛克的规格

陶瓷马赛克是由各种不同规格的小瓷砖，粘贴在牛皮纸上或粘在专用的尼龙丝网上拼成联而构成的。其单块规格一般为 25 mm × 25 mm、45 mm × 45 mm、100 mm × 100 mm、45 mm × 95 mm 或由圆形、六角形等形状的小砖组合而成，单联的规格一般有 285 mm × 285 mm、300 mm × 300 mm 或 318 mm × 318 mm 等。

四、金箔马赛克

金箔马赛克是一种特殊高档、豪华的手工马赛克，是建筑装饰材料的一种。其是将金属（金、银、铜、铂等）经过十几道特殊工艺，捶打成薄片，然后经手工贴饰于玻璃、树脂等原胚表面，再经过各种加工处理，最终制成金箔马赛克（图 10–33）。

图 10–33

在欧洲，最早的金箔马赛克是古罗马时期的西西里出现的。在我国，金箔马赛克技术是一项重要的工艺技术，需要特殊的工艺，在特定的地理、气候条件才能制作。著名的金箔马赛克生产基地位于江苏省南京市江宁区（图 10–34、图 10–35）。

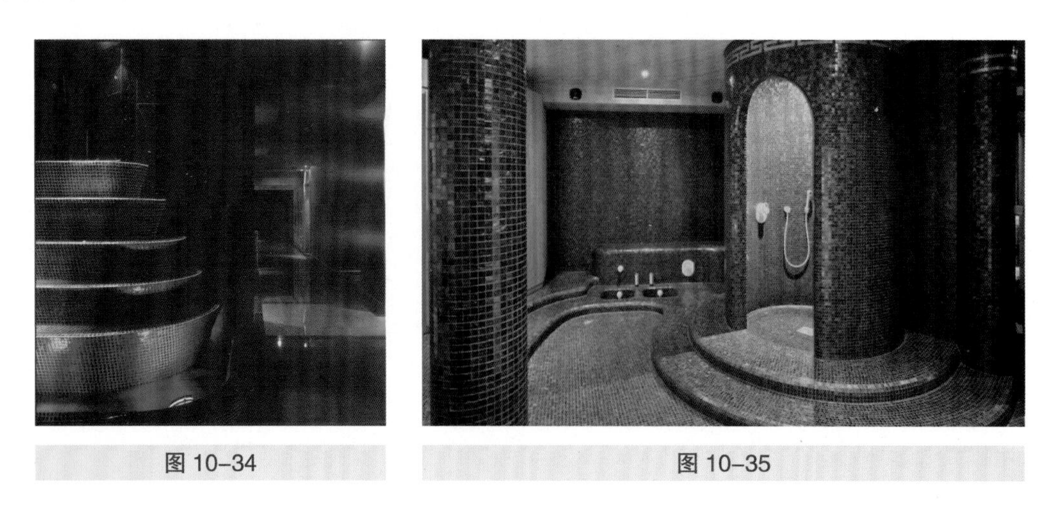

图 10–34　　图 10–35

五、其他马赛克

木质马赛克如图 10–36 和图 10–37 所示，贝壳马赛克如图 10–38 和图 10–39 所示。

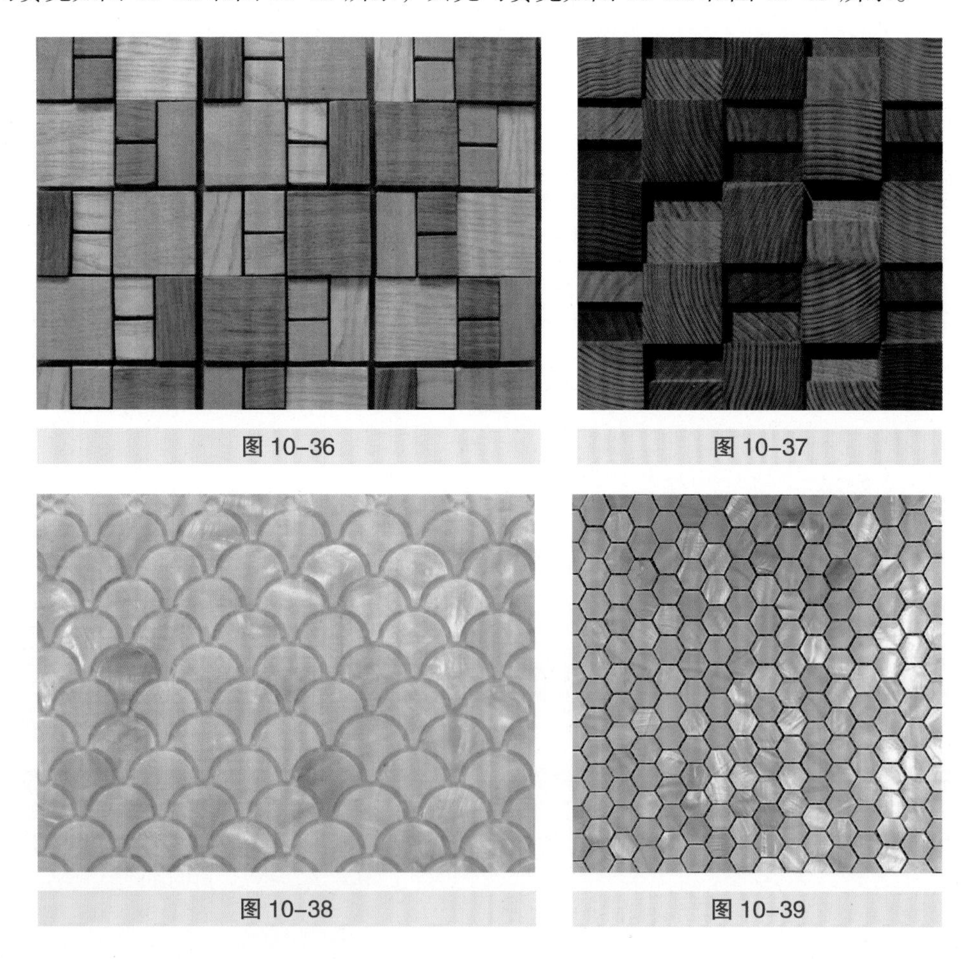

图 10–36　　图 10–37

图 10–38　　图 10–39

六、马赛克的应用

（1）马赛克具有防水、防火、色彩丰富等特点，因此，马赛克广泛应用在卫生间、洗浴间、游泳池等具有防水要求的空间（图 10–40、图 10–41）。

图 10–40

图 10–41

（2）马赛克可以做成颜色或图案渐变的形式，能更好地体现设计师的设计理念，以增加空间的趣味性（图 10–42、图 10–43）。

图 10–42

图 10–43

第十章

（3）马赛克可以根据要求做成弧形、曲面等特殊形状（图 10–44、图 10–45）。

图 10–44

图 10–45

（4）马赛克可以拼出任意想要的图案（图 10–46、图 10–47）。

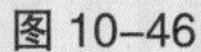
图 10–46

图 10–47

（5）玻璃马赛克能够拼出流线的形状，具有现代气息（图 10–48）。

（6）马赛克也可以根据现场要求做成弧形（图 10–49、图 10–50）。

图 10–48

图 10–49

图 10–50

七、马赛克的施工工艺

马赛克的施工工艺与瓷砖的施工工艺基本相同，但马赛克施工时需要注意图案花色的铺贴顺序及勾缝剂的选择。

第三节　软膜顶棚

软膜顶棚又名顶棚软膜、柔性顶棚等。软膜采用特殊的聚氯乙烯材料制成，厚度为 0.18 ～ 0.2 mm，每平方米质量为 180 ～ 320 g，其防火级别为 B1 级。软膜通过一次或多次切割成形，并用高频焊焊接而成。软膜需要在实地测量出顶棚尺寸后，在工厂里制作完成。透光膜顶棚可配合各种灯光系统（如霓虹灯、荧光灯、LED 灯），营造出梦幻的、无影的室内空间（图 10–51）。

图 10–51

一、软膜顶棚的特性

（1）防火等级高：B1 级。

（2）节能：用 PVC 材料做成，能大大提高绝缘功能，降低室内热量流失。

（3）防菌功能：出厂前已预先进行了抗菌处理。

（4）防水、防潮、不凝结水露、不脱落、不变色。

（5）颜色丰富多彩：有多种类型可供选择，如哑光面、光面、绒面、金属面、孔面和透光面等。

（6）无限的创造性：因其是一种软性材料，可根据龙骨的形状来确定其形状，所以造型比较随意多变，让设计师更具创造性。

（7）方便安装。

（8）优异的抗老化性，使用寿命可达 10 年以上。

（9）安全、环保，无有害物质。

二、软膜顶棚的应用

软膜顶棚可以帮助人们实现特殊形状的顶棚设计，而且其内部可以藏灯，是一种新型的顶棚材料（图 10–52 ～图 10–57）。

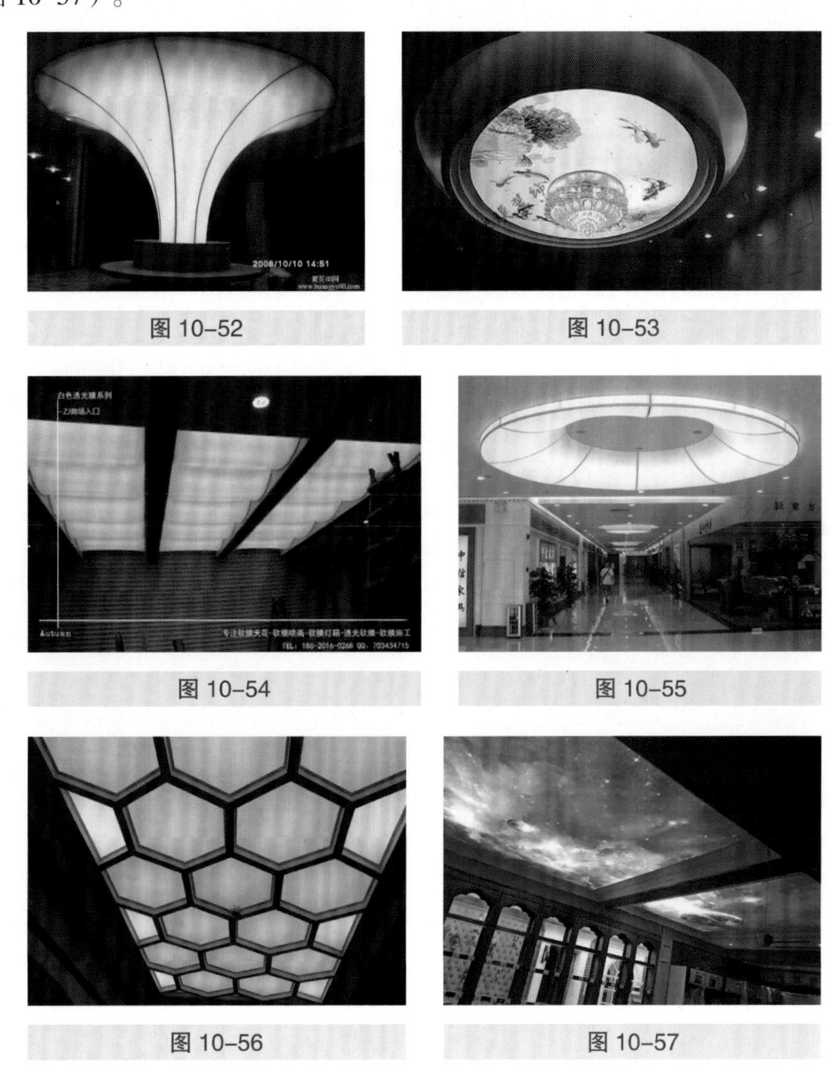

图 10–52　图 10–53

图 10–54　图 10–55

图 10–56　图 10–57

三、软膜顶棚的安装

1. 软膜顶棚龙骨安装

（1）根据图纸设计要求，在需要安装软膜顶棚的水平高度位置四周固定一圈 4 cm × 4 cm 支撑龙骨（有些部位面积比较大时要求分块安装，以达到良好效果，这样就需要中间位置加设计一根木方条）。

（2）当所有需要木方条固定好之后，然后在支撑龙骨的底面固定安装软膜顶棚的铝合金龙骨。

2. 软膜顶棚安装

（1）当所有安装软膜顶棚的铝合金龙骨固定好以后，再安装软膜(图 10–58)。首先将软膜打开使用专用的加热风炮充分加热均匀，然后使用专用的插刀将软膜张紧插到铝合金龙骨上，最后将四周多出的软膜修剪完整即可。

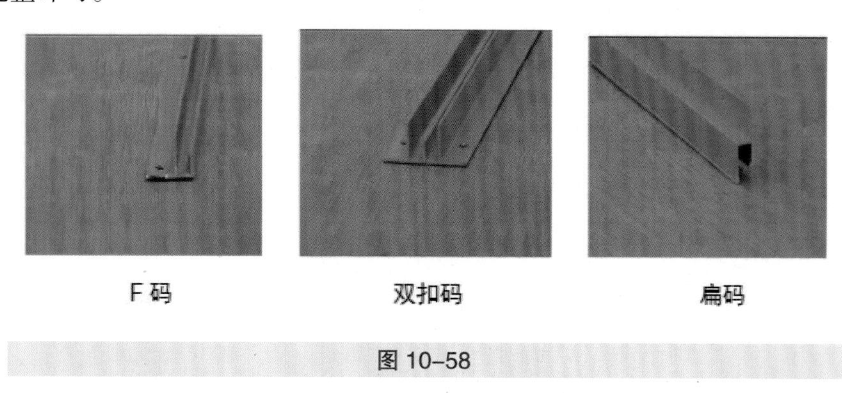

图 10–58

（2）安装完毕后，用干净毛巾将软膜天棚表面清洁干净。

第四节 GRG 强化石膏

GRG 强化石膏（图 10–59）是一种绿色环保材料，是一种以改良石膏为基材制成的预铸式玻璃纤维增强石膏制品。

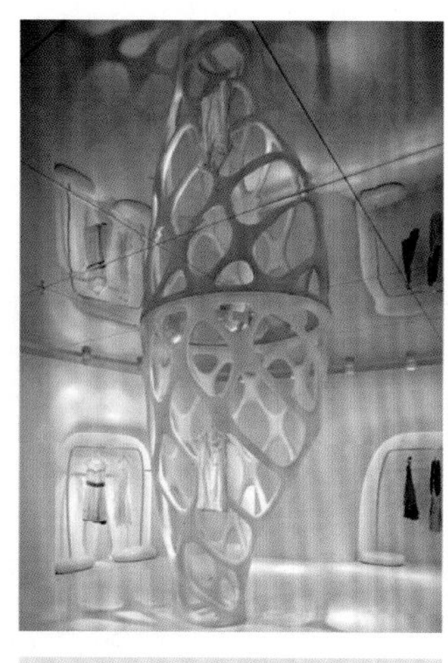

图 10–59

一、GRG 强化石膏的特点

GRG 强化石膏具有防水、防火、隔声、吸声、质量轻、密度大、强度高、韧性好、安装便捷、工期短等特点。

GRG 强化石膏的表面光洁、细腻，可以和各种涂料及装饰材料粘结，形成较好的装饰效果。

二、GRG 强化石膏的应用

GRG 强化石膏可以制作成任意的形状，而且质量轻，表面可以涂刷其他材料，是异形加工造型的首选材料（图 10–60 ～图 10–64）。

图 10–60

图 10–61

图 10-62

图 10-63

图 10-64

第五节　金箔（银箔）

金箔是用黄金锤成的薄片（图 10-65、图 10-66）。黄金由于具有良好的延展性和可塑性，一两纯金约可锤面积为 16.2 m^2 的金箔，即一克黄金可以打制成约 0.5 m^2 的纯金箔，厚度为 0.12 μm。

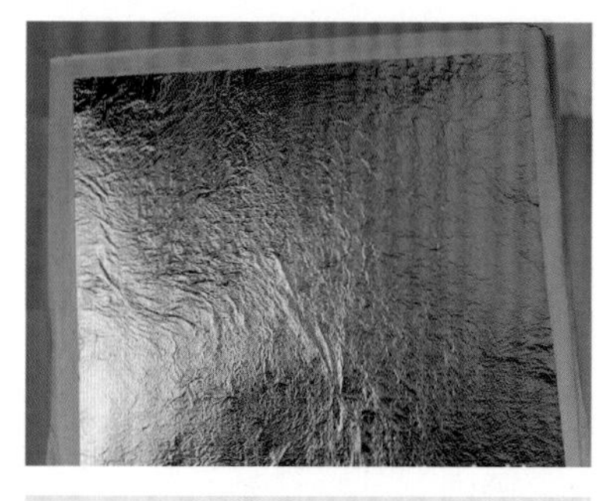

图 10-65

图 10-66

金箔标准规格为 9.33 cm × 9.33 cm，其他常用规格还有 8 cm × 8 cm、10.9 cm × 10.9 cm、4.5 cm × 1.5 cm、2.75 cm × 2.75 cm 等。

最早发现制作金箔的是古埃及尼罗河流域。在我国，金箔是中华民族传统的工艺品，源于东晋，成熟于南朝，流行于宋、齐、梁、陈，南京是我国金箔的发源地。2006 年 5 月，南京金箔锻制技艺被国务院列为第一批国家级非物质文化遗产名录。

金箔的用途十分广泛，涉及佛教、古典园林、高级建筑、医药保健及文化事业等各个领域。其中，佛像贴金、雕梁画栋贴金、牌匾楹联及装饰用贴金，是金箔最为广泛的用途（图 10-67 ～图 10-69）。

图 10-67

图 10-68

图 10-69

规格为 9.33 cm × 9.33 cm 的 98 金箔是用途最广泛的装饰用金箔，适用于大部分装饰贴金。如宾馆酒店、寺院佛像、金字牌匾、瓷砖马赛克、工艺品等；也可用于制作金箔画、金箔书、金箔邮票等。

第六节　塑胶地板

图 10–70

塑胶地板（图 10–70）是 PVC 地板的另一种叫法。其主要成分为聚氯乙烯，PVC 地板可以做成两种形式，一种是同质透心，就是从底到面的花纹材质都是相同的；还有一种是复合式，就是最上面一层是纯 PVC 透明层，下面加上印花层和发泡层。PVC 地板由于花色丰富、色彩多样而被广泛应用于家居装饰和商业装饰等方面。

一、塑胶地板的特点

（1）价格适度：与地毯、木质地板、石材和陶瓷地面等材料相比，其价格相对便宜。

（2）装饰效果好：其品种、花样、图案、色彩、质地、形状的多样化，能满足不同人群的爱好和各种用途的需要，如模仿天然材料的效果十分逼真。

（3）兼具多种功能：足感舒适，能隔热、隔声、隔潮。

（4）施工铺设方便：消费者可亲自参与整体构思、选材和铺设。

（5）易于保养：易擦、易洗、易干，耐磨性好，使用寿命长。

（6）防水、防滑：表面为高密度特殊结构，有仿真木纹、大理石纹、地毯纹、花岗岩等纹路，遇水愈涩、不滑，家居铺装可解除老年人及儿童的安全顾虑。其特性是石材、瓷砖等无法比拟的。

（7）超强耐磨：地面材料的耐磨程度，取决于表面耐磨层的材质与厚度。PVC 地板表面覆盖厚度为 0.2 ～ 0.8 mm 的高分子特殊材质，耐磨程度高，使用寿命较长。

（8）质量轻：塑胶地板施工后的质量比木地板施工后的质量轻 10 倍左右，比瓷砖施工后的质量轻 20 倍左右，比石材施工后的质量轻 25 倍左右。其可减低建筑物的总体质量，安全有保证且搬运方便。

（9）施工方便：塑胶地板铺设时无须水泥、砂子，不需要兴木动土，专用胶浆铺贴，快速简便。塑胶地板产品花样繁多，有碎石、大理石及木纹等多种系列，自由拼配，省时、省力，一次完成，柔韧性好且具有特殊的弹性结构，抗冲击性能优良且脚感合适，为使用者提供优良的日常生活环境。

（10）导热保暖性好：塑胶地板散热均匀，无石材、瓷砖的冰冷感觉。

（11）保养方便：塑胶地板地面平常用清水拖把擦洗即可，遇有污渍，用橡皮擦或稀料即可擦试干净。

（12）绿色、环保：无毒、无害，对人体、环境无副作用，且不含放射性元素，为理想的地面装饰材料。

（13）防火、阻燃：通过防火测试，塑胶地板离开火源即可自行熄灭，安全有保障。

（14）耐酸碱：通过各项专业指标测试，防潮、防虫蛀且防腐蚀。

二、塑胶地板的规格

塑胶地板片材的规格一般为 457 mm × 457 mm；卷材的规格一般为 2 m × 20 m。

三、塑胶地板的应用

（1）塑胶地板由于具有耐磨、易清洁、抗菌等特点，被广泛用于医院、学校、住宅、火车、地铁等空间（图 10–71、图 10–72）。

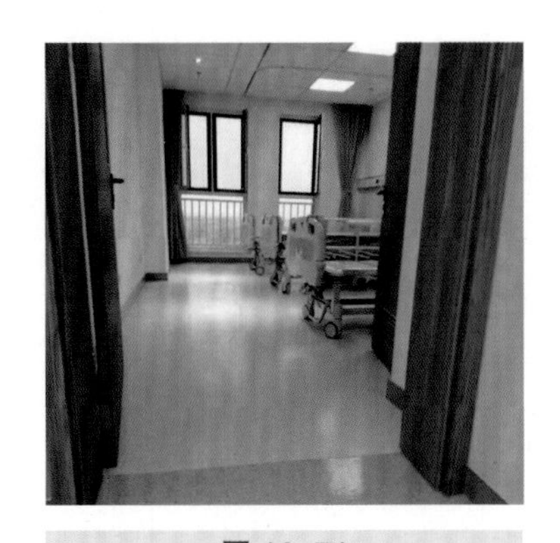

图 10–71

图 10–72

（2）塑胶地板花色丰富，且可以仿木纹或石材，因此，一些在客观条件上不能使用木地板或石材的空间可以使用塑胶地板来满足其装饰要求（图 10–72）。

图 10–73

（3）塑胶地板施工后其接缝处十分隐蔽，即使将不同颜色和花纹的塑胶地板进行拼接，其接缝处也会感觉十分自然，因此，塑胶地板可以拼出丰富的图案（图 10–74、图 10–75）。

图 10–74

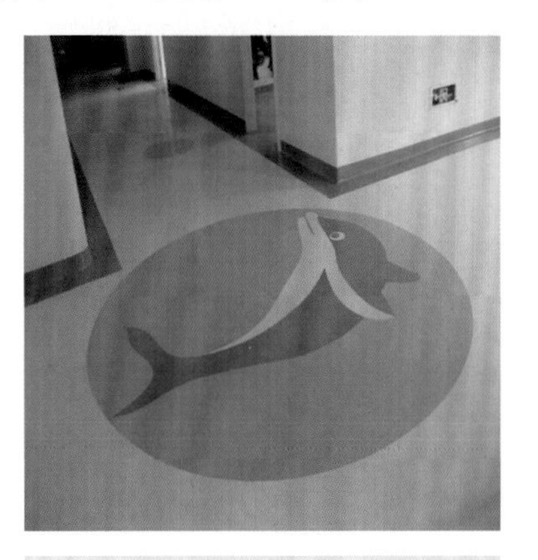

图 10–75

四、塑胶地板的施工工艺

1. 施工前基层准备要求

（1）地表湿度：表层地面的湿度应在 4.5% 以下，地板施工前 14 ～ 28 d 应对地面进行干燥。

（2）表面硬度：用锋利的凿子快速交叉切划表面，交叉处不应有爆裂。

（3）表面平整度：用 2 m 靠尺和楔形尺检测，表面平整度允许偏差≤ 3 mm。

（4）表面密实度：表面不得过于粗糙，不得有过多的孔隙，对轻微起砂地面应作表面硬化处理。

（5）表面裂缝：不得有宽度大于 3 mm 的裂缝，面层不得有空鼓。

（6）表面清洁度：油污、蜡、漆、颜料等残余物质必须去除。

（7）地表温度：现场空气温度应在 18 ℃以上，地表温度在 15 ℃以上。

2. 自流平地面施工步骤

（1）处理地坪：用铲刀、吸尘机等除去地面的小结块、尘土、杂物及前道工序施工的残留物。检查清理修补地面小面积疏松、空鼓、裂缝、凸起、凹陷等部位。

（2）精测地坪：用地坪检测器在待施工的地坪上检测任意 2 m 范围内的不平整度。如自流平的施工厚度为 2 mm，地坪的不平整度不能大于 3 mm；如大于 3 mm，则应使用打磨机进行处理。

（3）涂布底油：用底油滚筒涂布地坪每一处，不可遗漏。

（4）自流平水泥：将清水按比例倒入搅拌桶，再倒入自流平水泥，用电钻和搅拌器搅拌均匀。

（5）正式施工：将自流平水泥分批倒在地坪上，用专用刮板推刮均匀，并用放气滚筒进行放气。

（6）精细处理：待 24 h 自流平水泥干燥后，用砂皮机进行打磨修整，清除表面微小颗粒，使施工后的自流平地面表面更加平整、光洁。

3. 楼地面 PVC 卷材铺设

（1）粘贴 PVC 卷材前，应用吸尘器将基层表面灰尘、杂物清理干净，严禁遗留颗粒状硬物，并将 PVC 卷材背面用棉纱擦净。施工现场的温度必须达到 15℃以上，并保证至少 24h 恒温。

（2）PVC 卷材预铺下料前应展开静置 24h 以上，保证与地面及周围环境温度相同、记忆性还原后，将卷材按照平面布局放线、预铺。

（3）将胶粘剂倒在预铺设的基层上，使用齿型刮板在楼地面基层上涂刮胶粘剂，同时用毛刷在卷材背面涂刷胶粘剂，胶粘剂一定要涂刷均匀。基层表面涂刮部分应超出卷材边缘 10mm 左右。

（4）胶粘剂涂刮完等候 10min 左右，待胶粘剂稍干不粘手后即可铺贴卷材，将卷材按基层放线一次就位准确，用软木块推压平整，排除卷材下面的残余气体。

铺贴完一张卷材后，及时清除卷材两侧多余的胶粘剂，随后用 50kg 钢压辊滚压 3 遍。注意滚压时先横向后纵向，使卷材与基层粘贴密实（整个胶粘剂的作业时间必须在 20min 左右完成）。待 90min 后再重复辊压 3 遍。

铺贴第二张卷材时，要注意卷材背面箭头所示方向与前一张卷材一致。相邻卷材铺贴应搭接

30mm，用导轨裁边器画线并切割，卷材间的接缝宽度不得超过 3mm 且均匀一致。

（5）踢脚线施工工艺与地板相同，要求侧面平整、拼接严密，阴阳角可做成直角或圆角。为防止卷材脱落，踢脚线基层不得采用批腻子、石膏等吸水率大的材料。

4.PVC 卷材接缝焊接

（1）地板的开槽工作待整间地板铺设完成后 24h 进行。

（2）用开槽器在地板的接缝处开出“U”形焊槽，开槽宽度不得大于 3.5mm，深度至卷材厚度的 2/3 处。

（3）接缝焊接前，先将专用热风焊枪接通电源，焊枪出口处气流温度调至 30~40℃，用热风焊枪将板缝内杂物吹净。

（4）由专人一手控制焊条，另一手持专用热风焊枪，焊枪出口气流温度控制在 180~250℃，焊速应均匀，保持在 20 ～ 30cm/min。

（5）焊缝凹陷处不得低于地板表面 0.5mm，对脱焊部分应进行补焊，焊缝凸起部分用焊条修平器修平。

5. 塑胶地板的保养

（1）塑胶地板施工完后应进行打蜡保护，在打蜡之前需要用拧干的墩布将表面的污物去掉，晾干后再打蜡。

（2）将适量的石蜡水洒在塑胶地板上，用打蜡机毛刷横向均匀打磨，直至灯下无光环为宜。打蜡机不得前后推拉，以免打花。

（3）打蜡要分二三遍完成，不要一次打得过多。第一遍施工完后，2h 内地板上不得上人，待其晾干后再进行第二遍施工。

第七节　自流平地面

自流平水泥（图 10–76）是由水泥、粗细骨料及聚合物经严格配合比混合而成的一种青灰色粉剂，与水调配后形成一种高流动性的浆体。其是专门为地面基层找平而设计的高聚物改性水泥基料，施工完毕后可在其表面继续施工（如涂刷环氧树脂地坪漆等）。

图 10–76

一、自流平地面的特点

（1）耐候性强，施工简便、快捷，省工、省料。

（2）保水性强，黏结强度高，不开裂，不空鼓脱落。

（3）耐碱，耐磨，抗压。

（4）高流动性。

二、自流平地面的分类

1. 溶剂型环氧地坪漆

溶剂型环氧地坪漆（即普通型环氧树脂地坪漆）适用于要求耐磨、耐腐蚀、耐油污、耐重压、表面光洁且容易清洁的场所，如停车场、汽车制造、机械制造、造纸、卷烟、化工、纺织、家具等行业生产车间的高标准地面。其具有以下优点：

（1）整体表面平整、光滑、无缝，易清洁，不聚集灰尘、细菌，容易维护保养。

（2）色彩丰富多样，能美化工作环境。

（3）地面无毒，符合卫生及相关认证要求。

（4）具有防滑性，停车场地面须有一定的粗糙度。

（5）经久耐用，性价比高。

2. 无溶剂型环氧地坪漆

无溶剂型环氧地坪漆是一种洁净度较高的地面装饰材料。其表面平整、光洁，广泛使用在医药、食品、电子、精密仪器、汽车制造等对地面有极高要求的行业。其具有以下优点：

（1）与基层的黏结强度高，硬化时收缩率低，不易开裂。

（2）整洁无缝，易清洁，不聚集灰尘、细菌。

（3）一次成膜厚，无溶剂，施工毒性小，符合环保要求。

（4）强度高，耐磨损，经久耐用。

（5）抗渗透、耐化学药品的腐蚀性能力强，对油类有较好的承受力。

（6）室温固化成膜，容易维修保养。

（7）表面平整光滑、色彩丰富，能美化工作环境，地面符合卫生要求。

三、自流平环氧地坪漆的应用

自流平地面经过环氧树脂地坪漆处理后，较好地解决了自流平地面本身装饰性差的特点。环氧树脂地坪漆有多种颜色，且质感特殊而又无接缝。因此，在现代装修中自流平地面已经越来越多地被应用在办公空间、大型超市、店铺、居室等空间（图 10–77 ～图 10–80）。

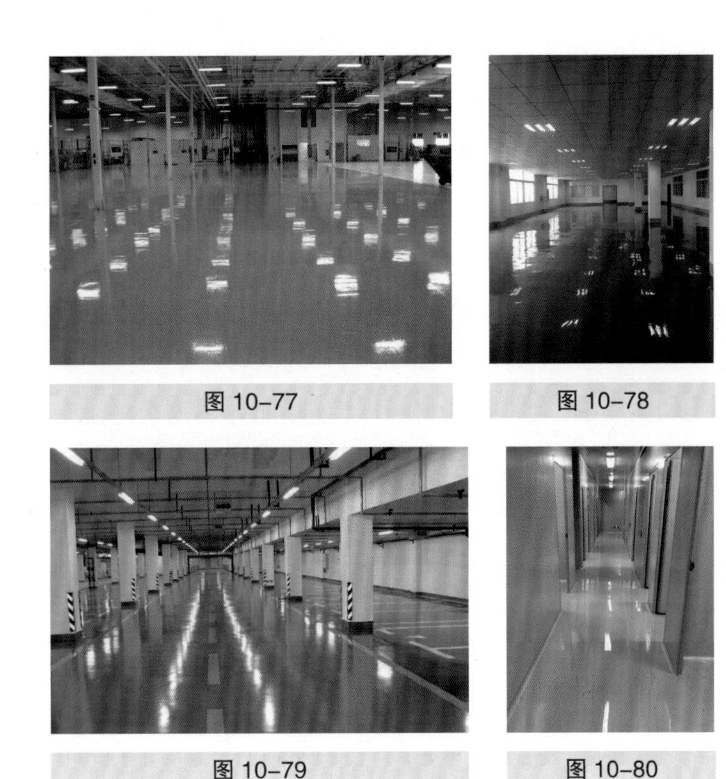

图 10-77　图 10-78　图 10-79　图 10-80

四、水泥自流平施工工艺

水泥自流平施工工艺：基层检查→基层清理及处理→抄平设置控制点→设置分段条→涂刷界面剂→自流平水泥施工→地面养护→切缝、打胶→施工质量验收。

1. 基层检查

全面彻底检查基层，用地面拉拔强度检测仪检测地面抗拉拔强度，从而确定混凝土垫层的强度，混凝土的抗拉拔强度宜大于 1.5 MPa。

2. 基层清理及处理

（1）用磨光机打磨基层地面，将尘土、不结实的混凝土表层、油脂、水泥浆或腻子及可能影响粘结强度的杂质等清理干净，使基层密实、表面无松动、杂物。打磨后仍存在的油渍污染，须用低浓度碱液清洗干净。

（2）基层打磨后所产生的浮土，必须用真空吸尘器清理干净（或用锯沫彻底清扫）。

（3）如基层出现软弱层或坑洼不平，必须先剔除软弱层，将杂质清除干净。涂刷界面剂后，用高强度等级的混凝土修补平整，并达到充分的强度，方可进行下一道工序。

（4）伸缩缝处理：清理伸缩缝，向伸缩缝内注入发泡胶，发泡胶表面低于伸缩缝表面约 20 mm；然后涂刷界面剂，待干燥后，用搅拌好的自流平砂浆抹平堵严。

3. 抄平设置控制点

架设水准仪对将要进行施工地面抄平，检测其平整度；设置间距为 1 m 的地面控制点。

4. 设置分段条

在施工分界处先弹线，然后粘贴双面胶粘条（10 mm × 10 mm）；对伸缩缝处粘贴宽的海绵条，为防止错位，后面可用木方或方钢顶住。

5. 涂刷界面剂

（1）涂刷界面剂的目的是对基层进行封闭，防止自流平砂浆过早丧失水分；增强地面基层与自流平砂浆层的粘结强度；防止气泡的产生；改善自流平材料的流动性。

（2）按照界面剂使用说明要求，用软刷子将稀释后的界面剂涂刷在地面上，涂刷要均匀、不遗漏，不得让其形成局部积液；对于干燥的、吸水能力强的基底要处理两遍，第二遍要在第一遍界面剂干燥后方可涂刷。

（3）一般第一遍界面剂干燥时间为 1 ～ 2 h，第二遍界面剂干燥时间为 3 ～ 4 h。

（4）确保界面剂完全干燥、无积存后，方可进行下一道工序施工。

6. 自流平水泥施工

（1）应事先分区，以保证一次性连续浇筑完整个区域。

（2）用量水筒准确称量适量清水置于干净的搅拌桶内，开动电动搅拌器，徐徐加入整包自流平材料，持续均匀地搅拌 3 ～ 5 min，使之形成稠度均匀、无结块的流态浆体，并检查浆体的流动性能。加水量必须按自流平材料的要求严格控制。

（3）将搅拌好的流态自流平材料在可施工时间内倾倒到基面上，任其像水一样流开；应倾倒成条状，并确保现浇条与上一条能流态地融合在一起。

（4）浇筑的条状自流平材料应达到设计厚度。如果自流平施工厚度设计小于等于 4 mm，则需要使用自流平专用刮板进行批刮，辅助流平。

（5）在自流平材料初凝前，须穿钉鞋走入自流平地面迅速用放气辊筒滚轧浇筑过的自流平地面，以排出搅拌时带入的空气，避免气泡、麻面及条与条之间的接口高差。

（6）使用过的工具和设备应及时用水清洗。

7. 地面养护

施工完成的地面只需进行自然养护，一般 3 ～ 4 h 后即可上人行走，24 h 后即可开放轻载交通，并可铺设其他地面材料，如环氧树脂、聚氨酯等。

8. 切缝、打胶

（1）待自流平地面施工完成 3 ～ 4 d 后，即可在自流平地面上弹出地面分格线。分格线宜与自流平地面下垫层伸缩缝重合，从而避免垫层伸缩导致地面开裂；弹出的分格线应平直、清晰。

（2）分格线弹好后用手提电动切割机对自流平地面切缝，切缝宽度以宽 3 mm、深 10 mm 为宜。

（3）切缝用吸尘器清理干净后，先用胶枪沿缝填满具有弹性的结构密封胶，最后用扁铲刮平即可。

9. 施工质量验收

（1）一般规定。

1）自流平面层可采用水泥基、石弯基、合成树脂基等拌和物铺设。

2）自流平面层与墙、柱等连接处的构造做法应符合设计要求，铺设时应分层施工。

3）自流平面层的基层应平整、洁净，基层的含水率应与面层材料的技术要求相一致。

4）自流平面层的构造做法、厚度、颜色等应符合设计要求。

5）有防水、防潮、防油渗、防尘要求的自流平面层应达到设计要求。

（2）主控项目。

1）自流平面层的铺涂材料应符合设计要求和国家现行有关标准的规定。

2）自流平面层的涂料进入施工现场时，应有以下有害物质限量合格的检测报告：

①水性涂料中的挥发性有机化合物（VOC）和游离甲醛；

②溶剂型涂料中的苯、甲苯 + 二甲苯、挥发性有机化合物（VOC）和游离甲苯二异氨醛酯（TDI）。

3）自流平面层的基层的强度等级不应小于 C20。

4）自流平面层的各构造层之间应粘结牢固，层与层之间不应出现分离、空鼓现象。

5）自流平面层的表面不应有开裂、漏涂和倒泛水、积水等现象。

（3）一般项目。

1）自流平面层应分层施工，面层找平施工时不应留有抹痕。

2）自流平面层表面应光洁，色泽应均匀、一致，不应有起泡、泛砂等现象。

3）自流平面层的允许偏差应符合：表面平整度应≤ 2 mm；踢脚线上口平直度应≤ 3 mm；缝格顺直应≤ 2 mm。

第八节　抗静电地板

抗静电地板（图 10–81、图 10–82）也称为防静电地板，当其接地或连接到任何较低电位点时，使电荷能够耗散，以电阻在 10^5 ～ 10^9 Ω 为特征。《数据中心设计规范》（GB 50174–2017）规定：防静电地板或地面的表面电阻或体积电阻应为 2.5×10^4 ～ 1.0×10^9 Ω。

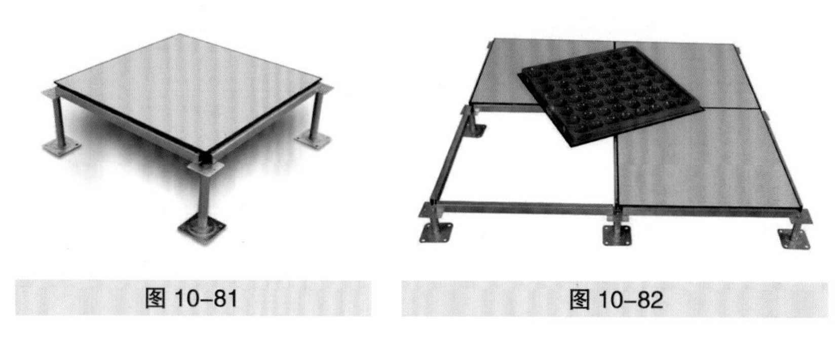

图 10–81　图 10–82

一、防静电直铺地板

防静电直铺地板一般可分为防静电瓷砖、PVC 防静电地板和防静电地坪。

（1）防静电瓷砖。在瓷砖烧制过程中加入防静电功能粉体进行物理改性，故防静电性能非常稳定，

电阻值在 $10^6 \sim 10^9\ \Omega$，且施工方便。

若在地板下面增加铺设铝箔或铜箔能更好地增强导电性。其优点是防静电性能稳定，绿色环保（属于绿色环保建材），高耐磨（0.1 g/1 000 转），耐老化，使用寿命长（30 年以上），A 级防火，吸水率低（$< 0.5\%$），便于清洁（可以用不滴水的拖把直接清洁），耐酸碱性均为 A 级，平整度高，只要铺贴时不空鼓承载能力极强（与楼面承重几乎相同）。

（2）PVC 防静电地板。采用片材（一般为 600 mm × 600 mm）或卷材直接铺贴，安装速度快（但需要专业的安装工人才能安装，否则会出现起拱、起泡现象），防静电性能较为稳定，但易老化，抗污能力稍差。

（3）防静电地坪。

1）抗静电效果优良持久，不受时间、温度、湿度等影响。

2）选用无溶剂高级环氧树脂加优质固化剂制成。

3）表面平滑、美观、防潮，能达到镜面效果。

4）耐酸、碱、盐、油类介质腐蚀，特别是耐强碱性能好。

5）耐磨、耐压、耐冲击，有一定弹性。

二、防静电活动地板

防静电活动地板一般根据基材和贴面材料不同来划分。基材有钢基、铝基、复合基、刨花板基（木基）、硫酸钙基等；贴面材料有防静电瓷砖、三聚氰胺（HPL）、PVC 等。

（1）陶瓷防静电地板。采用防静电瓷砖作为面层、复合全钢地板或水泥刨花板、硅酸钙板、硫酸钙板作为基材，四周导电胶条封边加工而成（没有胶条的陶瓷地板在磕碰时容易掉瓷）。其具有防静电性能稳定、环保、防火、高耐磨、高寿命（使用寿命为 30 年以上）、高承载（均布载荷为 1 200 kg/m^2 以上）、防水、防潮、装饰效果好等优点，适用于各类机房；其缺点是地板本身较重（单块地板 15 kg 以上），对楼板承重有一定影响；另外，需要专业的安装工人才能安装，否则会安装不平整。

（2）全钢防静电地板（图 10–83）。全钢防静电地板贴面是采用高耐磨的三聚氰胺（HPL）防火板或 PVC（北方地区由于气候干燥，不宜使用 HPL 防火板贴面），钢壳结构基材。另外，根据有无黑色胶条还有无边和有边之分。

图 10–83

全钢地板的优点是施工方便，安装后不会存在缝隙问题，更换方便；其缺点是面层材料不耐磨、寿命短，容易起皮翘角。

（3）铝合金防静电地板。产品采用优质铸铝型材，经拉伸成形，面层为高耐磨 PVC 或 HPL 贴面，导电胶粘贴而成，具备基材永久不生锈，能多次使用的功效，从而有效解决了复合地板及全钢地板的产品缺陷。但是，量身定做的高档防静电地板一般造价较高。

三、防静电地板适用范围

防静电高架地板主要应用于计算机机房、数据处理中心、试验室、微波通信站机房、程控电话交换机房、移动通信机房、卫星地面站机房、电台控制机房、电视发射台控制室、播控室、监控机房、中央控制室等（图 10-84、图 10-85）。

图 10-84

图 10-85

防静电地板在微电子工业生产中有着广泛的应用，用于电子元器件、半导体、电子产品组装及大规模、超大规模集成电路的洁净车间，避免人体在车间内移动产生静电。控制静电放电对计算机通信、各类电子设备及对静电敏感器件危害，防止计算机内存及电子仪器内部的损坏。

防静电地板还可应用于对静电敏感的军火、易燃易爆的场所和石油化工车间及医院手术室、麻醉室、氧吧间及其他有防静电要求的场所。

本章小结

本章主要介绍了常见装饰材料以外的一些特殊装饰材料的种类及应用。装修材料的种类繁多，有的项目设计为了增加其艺术亮点、美感，突显个性品味及项目的独特性，因此需要采用一些特殊的装饰材料，以达到某种特殊造形或特殊效果。掌握这些特殊装饰材料的性能和特点，对提高项目室内外环境的艺术效果、使用功能、经济性及加快施工速度等都有着十分重要的作用。

随着社会发展日新月异，人类的生产生活节奏加快，以及科学技术的不断迭代，新的装饰材料及新的施工工艺在装饰新修工程中不断大量涌现。这些具有特点的装饰材料在室内设计中的创新运用，使得项目的品质得以提高，给人耳目一新的感受。所以设计人员就应做到与时俱进，不断地去学习、认识了解新材料、新工艺，这样才能设计出优异的作品来。

课后实训

1. 阐述涂胶漆的施工工艺流程。
2. 请说明马赛克按材质可分为哪些种类。
3. 请分别阐述软膜、GRG 强化石膏、金箔、塑胶地板、自流平、抗静电地板的应用范围。

参 考 文 献

[1] 万治华 . 建筑装饰装修构造与施工技术 [M]. 北京：化学工业出版社，2011.

[2] 李栋 . 室内装饰材料与应用 [M]. 南京：东南大学出版社，2005.

[3] 刘钟营，李蓉 . 装饰工程造价与投标报价 [M]. 南京：东南大学出版社，2004.

[4] 薛健 . 装修设计与施工手册 [M]. 北京：中国建筑工业出版社，2004.

[5] 孙浩 , 叶锦峰 . 装饰材料在设计中的应用 [M]. 北京：北京理工大学出版社，2009.